人力资本理论与实务丛书

应用型

大数据人才培养

理论与实践

THEORY AND PRACTICE OF
TRAINING APPLIED BIG DATA TALENTS

刘　枚　刘贵容　潘显兵 ◎ 著

本书为重庆邮电大学移通学院信息管理与信息系统专业重庆市大数据智能化类特色专业建设项目（项目立项文件：渝教高发〔2018〕12号）、重庆市2019年本科一流专业建设项目（项目立项文件：渝教高发〔2019〕7号）的专业建设成果

经济管理出版社
ECONOMY & MANAGEMENT PUBLISHING HOUSE

图书在版编目（CIP）数据

应用型大数据人才培养理论与实践/刘枚，刘贵容，潘显兵著 . —北京：经济管理出版社，2020. 8

ISBN 978 - 7 - 5096 - 7457 - 4

Ⅰ. ①应…　Ⅱ. ①刘… ②刘… ③潘…　Ⅲ. ①数据处理—人才培养—研究　Ⅳ. ①TP274

中国版本图书馆 CIP 数据核字 (2020) 第 158382 号

组稿编辑：王光艳
责任编辑：魏晨红
责任印制：黄章平
责任校对：王淑卿

出版发行：经济管理出版社
　　　　　（北京市海淀区北蜂窝 8 号中雅大厦 A 座 11 层　100038）
网　　址：www. E - mp. com. cn
电　　话：(010) 51915602
印　　刷：唐山昊达印刷有限公司
经　　销：新华书店
开　　本：710mm × 1000mm/16
印　　张：15. 25
字　　数：274 千字
版　　次：2020 年 10 月第 1 版　　2020 年 10 月第 1 次印刷
书　　号：ISBN 978 - 7 - 5096 - 7457 - 4
定　　价：68. 00 元

前　言

　　大数据、云计算、人工智能等新科技技术的迅猛发展给全球产业革命带来了无限的发展潜力，智能制造、"互联网＋"、新基建正成为各国经济发展的重大战略支撑，是新一轮市场竞争力争夺的战略资源。但在大数据产业发展和支撑其他产业升级变革的过程中，人才供给与需求矛盾日益凸显，急需一大批优质大数据人才。为此，从国家大数据战略到地方政府大数据智能化产业部署，从985、211等重点院校到地方应用型本科院校，都在积极转型培养大数据产业链上各类人才。

　　重庆邮电大学移通学院成立于2000年，是经教育部批准，由重庆邮电大学创办的独立学院，属全日制普通本科院校。学校在大数据时代背景下，致力于发展为信息产业商学院，为信息产业培养"技术＋商科"的应用型、复合型全能人才。在此背景下，学校的信息管理与信息系统专业积极转型，开展面向本地大数据智能化产业发展所需的学科建设和人才培养，并经申报立项为重庆市大数据智能化类特色专业建设项目、重庆市2019年本科一流专业建设项目。

　　本书属于以上两个项目的建设成果。在写作过程中，本书结合高等教育人才培养规律和发展要求，从制订人才培养方案、设置专业课程体系、建设师资团队、探索人才培养模式、发展学科竞赛、完善实验室建设体系六个方面研究大数据人才培养问题，并以重庆邮电大学移通学院大数据人才培养的实践作为理论研究的支撑，其研究结论对当前高校开展大数据人才培养具有一定的借鉴意义。

　　但是，大数据技术及其应用还在不断更新，有关大数据人才培养的实践探索还需与时俱进。本书在写作过程中参考了大量文献资料，在此向相关作者表示深深的敬意和诚挚的感谢。另外，本书的观点或实践操作若有不当之处，敬请广大读者不吝指正！

刘　枚

2020 年 7 月

目　录

理　论　篇

第一章　大数据人才培养的背景分析 ……………………………………… 3

　第一节　大数据产业发展与人才需求 …………………………………… 3

　　一、国家大数据产业发展规划及其人才需求 ………………………… 3

　　二、地方经济与大数据产业发展规划及其人才需求 ………………… 6

　第二节　大数据人才供求分析 …………………………………………… 7

　　一、供给分析 …………………………………………………………… 7

　　二、需求分析 …………………………………………………………… 13

　　三、供求对比分析 ……………………………………………………… 15

　第三节　大数据人才培养实践与研究述评 ……………………………… 16

　　一、国外培养实践与研究述评 ………………………………………… 16

　　二、国内研究述评 ……………………………………………………… 18

　　三、综述 ………………………………………………………………… 21

第二章　大数据人才分类与培养要求 …………………………………… 23

　第一节　大数据人才分类 ………………………………………………… 23

　　一、按学位和能力分类 ………………………………………………… 23

　　二、按数据全流程的岗位分类 ………………………………………… 24

　第二节　大数据人才的知识结构与能力要求 …………………………… 29

　　一、专业能力 …………………………………………………………… 29

二、综合素质 ……………………………………………………… 31

三、交叉复合的能力 ……………………………………………… 32

四、特殊技能 ……………………………………………………… 33

第三章 应用型大数据人才培养思路与框架 ………………………… 34

第一节 应用型人才培养的战略背景 ……………………………… 34

一、高等教育人才培养的分类 ………………………………… 34

二、应用型人才培养的问题 …………………………………… 35

三、应用型人才培养的战略发展 ……………………………… 38

四、应用型人才培养的研究现状 ……………………………… 41

第二节 应用型大数据人才培养的战略意义 ……………………… 46

第三节 应用型大数据人才培养框架及内容 ……………………… 47

一、培养框架 …………………………………………………… 47

二、培养路径与内容 …………………………………………… 48

实　践　篇

第四章 培养方案 ……………………………………………………… 53

第一节 培养方案的定义及构成要素 ……………………………… 53

一、定义 ………………………………………………………… 53

二、制定依据 …………………………………………………… 54

三、内容 ………………………………………………………… 54

四、管理程序 …………………………………………………… 55

第二节 培养方案制定原则 ………………………………………… 56

一、以应用型的综合能力培养为主 …………………………… 56

二、多学科交叉融合的课程体系整合 ………………………… 57

三、突出实践能力培养的原则 ………………………………… 57

四、结合实际制订培养方案 …………………………………… 59

第三节 重庆邮电大学移通学院大数据人才培养方案 …………… 60

一、重庆邮电大学移通学院简介 ……………………………… 60

二、重庆邮电大学移通学院应用科技型人才培养方案的改革 ……… 63

三、基于高等教育改革背景下重庆邮电大学移通学院人才培养
方案改革 ……………………………………………………… 68

四、重庆邮电大学移通学院人才培养方案课程体系模块 ……… 71

五、重庆邮电大学移通学院应用型大数据人才培养方案 ……… 78

第五章 课程体系 …………………………………………………… 120

第一节 iSchool 院校的大数据相关课程设置及其特点分析 …… 120

一、开设课程滞后于产业发展 …………………………………… 120

二、本科课程内容主要涉及大数据管理与应用方面 …………… 121

三、大数据课程类别主要为理论类、技术类和应用类 ………… 121

四、本科课程注重实用性，面向职业需求 ……………………… 122

五、强调技术与应用，面向特定领域设置课程 ………………… 123

六、课程学习需要先导知识 ……………………………………… 123

七、教学方法多样，注重提升学生的应用能力 ………………… 124

第二节 新工科背景下应用型大数据人才培养课程体系的构建 … 124

一、新工科背景下应用型大数据人才培养的现实需求 ………… 125

二、大数据人才培养的现存问题 ………………………………… 126

三、大数据人才培养的课程改革 ………………………………… 127

第三节 重庆邮电大学移通学院应用型大数据人才培养课程体系 … 130

一、数据科学与大数据技术专业 ………………………………… 130

二、大数据管理与应用专业 ……………………………………… 131

三、信息管理与信息系统专业 …………………………………… 133

第六章 师资建设 …………………………………………………… 137

第一节 师资建设的现状分析 …………………………………… 137

一、师资基础与人才培养方向匹配不一致 ……………………… 137

二、跨学科复合型师资难培养 …………………………………… 138

三、缺乏培养大数据人才和师资的课程资源 …………………… 139

第二节 师资建设对策分析 ……………………………………… 139

一、校级层面重视和鼓励 ………………………………………… 139

二、确立以需求为导向的师资建设机制 ………………………… 141

三、注重多学科交叉融合的师资团队建设 ················ 143

　　四、建设"双师型"教师团队 ·························· 144

　　五、鼓励产学研教师队伍的合作建设 ················ 145

　　六、构建校外专家团队 ······························ 146

第三节　重庆邮电大学移通学院应用型大数据人才培养师资建设 ········ 146

　　一、顶导设计，发展大数据类专业，建设大数据类师资队伍 ········ 146

　　二、加强"双师型"师资队伍建设 ···················· 147

　　三、以"双元制"培养为契机提升师资实践能力 ·········· 148

　　四、鼓励教师参加各类培训，夯实大数据管理与应用师资

　　　　队伍建设 ·································· 148

　　五、师资建设成效 ································ 150

第七章　培养模式 ······································ 152

第一节　人才培养模式的内涵分析 ······················ 152

第二节　应用型大数据人才培养模式的问题分析 ·············· 153

　　一、超学科培养模式难以实现 ······················ 153

　　二、专业培养方向难定位 ·························· 153

　　三、大数据实践条件尚不成熟 ······················ 154

　　四、校企合作深度不够 ·························· 154

　　五、师资力量匮乏 ································ 154

第三节　应用型大数据人才培养模式对策建议 ·············· 155

第四节　重庆邮电大学移通学院多元化应用型人才培养模式 ········ 159

　　一、与企业无缝对接的双体系应用人才培养 ·········· 159

　　二、校企合作联合培养模式 ························ 160

　　三、"双元制"人才培养模式 ······················ 161

　　四、"商科教育＋通识教育＋完满教育＋专业教育""四位一体"的

　　　　人才培养模式 ································ 161

第五节　重庆邮电大学移通学院应用型大数据人才培养模式的探索 ····· 164

　　一、校企合作协同育人 ·························· 165

　　二、其他产教融合协同育人项目 ···················· 172

　　三、应用型大数据人才培养效果分析 ················ 172

第六节　重庆邮电大学移通学院应用型大数据人才校企合作培养

　　　　　　典型案例分析 ························· 174

　　　　一、智慧医管（至道）大数据人才培养········ 174

　　　　二、智慧医疗（众康云）大数据人才培养········ 176

　　　　三、智能家居（芯歌）大数据人才培养········· 177

第八章　学科竞赛 ······························· 190

　　第一节　学科竞赛对应用型人才培养的重要意义 ········ 190

　　第二节　学科竞赛的问题与对策 ··············· 191

　　　　一、现状分析 ························· 191

　　　　二、存在的问题 ······················ 193

　　　　三、对策建议 ························· 195

　　第三节　重庆邮电大学移通学院大数据学科竞赛问题与对策 ··· 198

　　　　一、大数据人才培养学科竞赛的现状 ·········· 199

　　　　二、大数据学科竞赛发展策略 ·············· 200

第九章　实践体系建设 ·························· 209

　　第一节　大数据实践体系建设的必要性 ············ 209

　　　　一、数据复杂且数据规模大，需要专门的数据实验场 ··· 209

　　　　二、数据的计算条件要求更高 ·············· 210

　　第二节　政府建设大数据试验场的必要性 ··········· 211

　　第三节　产学研共建大数据实践基地的可行性 ········· 212

　　第四节　重庆邮电大学移通学院应用型大数据人才培养实践

　　　　　　体系的建设 ······················ 213

　　　　一、校内实验室 ······················ 214

　　　　二、校外产学研实践基地 ················· 228

第十章　结论 ······························· 229

参考文献 ································· 232

理 论 篇

第一章
大数据人才培养的背景分析

近年来，基于大数据、云计算、人工智能技术的增强，大数据产业发展迅速，大数据人才需求急剧增长，但供给跟不上产业发展速度、人才缺口是长期普遍现象。在新常态下，大数据人才培养成为当务之急。随之教育部新工科人才培养战略和当前社会用人需求反馈，定制化应用型人才更有发展机遇，更能支撑大数据产业发展，因而校政企协同育人、培养大数据人才具有发展潜力，能够推动大数据行业发展，服务地方经济。

第一节　大数据产业发展与人才需求

一、国家大数据产业发展规划及其人才需求

（一）国务院印发《促进大数据发展行动纲要》提出加大人才培养力度

在全球信息技术的快速发展下，加之互联网各种业务形态的迅猛发展和成熟，大数据对各行各业的增值体现越发明显，数据资产俨然成为各国互相争夺的战略性资源。尤其是我国面临着产业结构升级，创新驱动的压力，大数据智能化产业发展，及其大数据与各行各业交叉融合的深度挖掘成为经济发展的战略关键。为此，2015 年 9 月国务院印发了《促进大数据发展行动纲要》，系统部署大

数据发展工作。

国务院印发的《促进大数据发展行动纲要》的核心精神是：从顶层设计开始，协调数据共享开放，鼓励通过数据提升政府治理能力，加强各行各业对大数据的融合创新发展，加大人才培养力度，尽快完善数据隐私保护与数据管理法规、标准体系等，在 5～10 年内加大幅度促进大数据产业健康发展。

（二）国家"十三五"规划指出要实施国家大数据战略

2016 年 3 月，国家第十三个五年规划纲要发布。"十三五"规划再一次明确了《促进大数据发展行动纲要》的文件精神，首先从战略资源的重要性角度出发，确定大数据资源为我国经济社会发展的基础性战略资源，并在此战略部署下，从行业创新应用、数据采集、数据使用方面强调规范与标准体系的完善。"十三五"规划也明确大数据人才短板对大数据产业健康发展的制约，强调通过多种人才培养体系完善各层次人才培养，以人才战略作为大数据战略的有力支撑，才能形成大数据产业高质高效发展的良性循环。

（三）《中国制造2025》目标的实现仍需大数据人才的保障

以阿里巴巴集团的电商帝国为典型代表的互联网产业在社会经济中的优势越发明显，如淘宝 C2C、天猫 B2C、阿里巴巴 B2B，以及以支付宝为中心的互联网金融结算、理财、保险等金融业务，其竞争优势和对全行业的引领改造，让我们看到了"互联网＋"的发展潜力。

国务院于 2015 年 7 月推出了"互联网＋"行动计划。"互联网＋"即通过互联网实现传统行业的升级改造，如传统金融机构的金融服务完全可以上网，在网络上进行传统线下的各种柜台服务。"互联网＋"除了传统行业互联网化外，还有直接利用互联网从事新业态的含义，如抖音、快手、知乎、酷狗音乐等纯在线服务平台，也有将传统线下业务互联网化形成线上线下结合（O2O）模式的新电商，如以信息集合和供需智能匹配的新电商模式：滴滴出行、共享单车、美团大众点评等。所以，"互联网＋"的发展背后，仍是依托大数据资源优势实现数字经济赋能各行各业的深度改革，大数据技术仍然是"互联网＋"发展的关键，相应地，大数据人才是"互联网＋"提质增效发展的关键。

（四）工信部《大数据产业发展规划（2016—2020 年）》提出大数据人才保障措施

正如前文所述，《促进大数据发展行动纲要》和"十三五"规划都明确了大数据资源是国家经济发展甚至国际竞争的战略资源。为贯彻落实《促进大数据发展行动纲要》和"十三五"规划，加快实施国家大数据战略，推动大数据产业健康快速发展，工信部于 2018 年 1 月下发了《大数据产业发展规划（2016—2020 年）》，大数据产业正式成为塑造我国竞争力的战略制高点。

为完成《大数据产业发展规划（2016—2020 年）》提出的重点任务和重大工程，《大数据产业发展规划（2016—2020 年）》同时也提出五项保障措施，其中一项就是人才保障。在建设多层次人才队伍中，《促进大数据发展行动纲要》要求建立适应大数据发展需求的人才培养和评价机制；加强大数据人才培养，整合高校、企业、社会资源，推动建立创新人才培养模式，建立健全多层次、多类型的大数据人才培养体系；鼓励高校探索建立培养大数据领域专业型人才和跨界复合型人才机制；支持高校与企业联合建立实习培训机制，加强大数据人才职业实践技能培养；鼓励企业开展在职人员大数据技能培训，积极培育大数据技术和应用创新型人才；依托社会化教育资源，开展大数据知识普及和教育培训，提高社会整体认知和应用水平；鼓励行业组织探索建立大数据人才能力评价体系；完善配套措施，培养大数据领域创新型领军人才，吸引海外大数据高层次人才来华就业、创业。

（五）工业互联网行动计划仍需大数据人才做支撑

为深化供给侧结构性改革，深入推进"互联网＋先进制造业"，规范和指导我国工业互联网发展，国务院 2017 年 11 月下发了《关于深化"互联网＋先进制造业"发展工业互联网的指导意见》。工业和信息化部于 2018 年 8 月印发《工业互联网发展行动计划（2018—2020 年）》，提出到 2020 年底我国将实现"初步建成工业互联网基础设施和产业体系"的发展目标；《工业互联网专项工作组 2018 年工作计划》同期印发。

作为前面几个国家政策性战略纲领（制造业、"互联网＋"、大数据）实施的配套发展，"互联网＋先进制造业"发展工业互联网其实质还是大数据与传统制造业的融合，并且通过互联网运营的优势快速发展。因此，《关于深化

"互联网＋先进制造业"发展工业互联网的指导意见》仍需大数据人才做支撑。

二、地方经济与大数据产业发展规划及其人才需求

为促进大数据产业发展，解决大数据人才荒，美国、英国、韩国、日本等发达国家，以及联合国、欧盟等国际机构制定了大数据发展战略，致力于抢占全球大数据发展战略制高点。我国也于 2015 年 8 月，由国务院印发了《促进大数据发展行动纲要》（国发〔2015〕50 号），要求全面推进我国大数据发展和应用，加快建设数据强国。在此背景下，各部委分别制定了具体的规划纲要和行动计划。

在国家大数据产业宏观战略规划下，我国地方政府顺应大数据时代的发展需求，先后制定政策以推动大数据产业发展与应用，加快数据强省建设，着力培养大数据人才，如北京市、上海市、重庆市、广东省和贵州省。重庆市地方政府为顺应大数据时代的发展要求，先后制订了《重庆市大数据行动计划》《重庆市以大数据智能化为引领的创新驱动发展战略行动计划（2018 — 2020 年)》，致力于将大数据产业培育成全市重要的战略性新兴产业，推动重庆市成为具有国际影响力的大数据枢纽及产业基地。2018 年 5 月，重庆市市人民政府印发了《重庆市深化"互联网＋先进制造业"发展工业互联网实施方案》，将围绕推动互联网、大数据、人工智能与实体经济深度融合发展，深入实施以大数据智能化为引领的创新驱动发展战略行动计划，加快发展工业互联网，促进制造业向智能化转型发展，促进行业应用，提升工业互联网发展水平，建设现代化经济体系，推动高质量发展。

从国家到地方政府的各级大数据产业发展规划和行动纲领可知，为推进大数据产业发展和我国先进制造业高速发展，需要当前云计算、物联网、大数据、互联网行业的技术支撑和人才供给，大数据人才培养和争夺成为大数据战略发展的重要选择，对我国经济发展战略目标的实现具有非常关键的战略意义。

第二节　大数据人才供求分析

一、供给分析

（一）大数据人才供给模式

现如今，我国对于大数据人才的培养主要来源于高校、社会培训机构和企业三大渠道。按照大数据人才的不同划分标准，其供给模式即培养模式分为以下几种：

1. 以学位分类的人才培养模式

在大数据人才市场上，普遍认为大数据人才包括三类：第一类是拥有大数据专业技能证书的本科生，第二类是拥有硕士学位的研究生，第三类是拥有博士学位的科研型博士生。大数据人才极度匮乏的现状为各大高校开设大数据专业提供了广阔的成长空间，同时也给人才培养带来了发展机遇。当下政府的鼎力搀扶和数据产业链的更新完善，给高校培养大数据人才提供了良好的社会与生态环境。目前，"大数据技术与数据科学"是我国各大高校都在积极申报的专业类别，并努力建构与大数据相关的人才培养方向。

2. 以能力为中心划分的人才培养模式

我国文化教育的中心城市北京市，代表了我国大数据领域发展的最高水平，其中北京航空航天大学在 2012 年率先成立大数据科学与工程国际研究中心，引领着未来大数据的发展方向。另外，在我国西南地带，以 2019 年开展了大数据产业峰会的贵州省为典型，当地政府对大数据产业的发展十分重视，贵州大学于2014 年通过顶层设计整合学校学科群专业和二级院系资源，率先成立大数据与信息工程学院，培养大数据人才。大数据高端人才培养方面，经统计分析，我国各大高校当下的高端人才培养方式主要有三条途径：一是以统计学为中心，主攻数据分析和数据建模，其中以北京市为首的几所大学联合打造的"大数据分析培养协同创新平台"最为科学。二是以计算机科学为中心，主要集中于数据的存储与处理以及工学设计等，当前复旦大学、上海交通大学和中国人民大学等都有开设与此学科相关的大数据专业。三是以业务需求为核心，主要致力于解决商业难题，其中中央财经大学便是典型代表，其在 2015 年开设了大数据营销专业，积极培养大数据人才。此外，有的高校会根据校企合作的方式来培养人才，如福州职业技术学院，与阿里巴巴集团合作成立全国第一所大数据学院——阿里巴巴大数据学院，开启了产学研协同育人模式，培育应用型大数据人才。

3. 企业"任务导向"式"老带新"培养模式

大部分企业培训新员工的方法千篇一律，皆是老员工帮带新员工以及入职岗前培训和外包给第三方培训机构。由于大数据岗位职责和工作范围各不相同，不同岗位上的员工具备的专业素养和专业技能也有所差异，因而有针对性地"在岗培训"，即本岗位老员工带本岗位新员工的"以老带新"是多数企业采用的培训方式之一，这种方式虽然可以降低培训成本，但培训成果在很大程度上会受到人为因素影响，主要取决于老员工的知识水平以及其是否愿意传授经验，培训效果的可控性较低。

4. 社会培训机构举办的培养模式

市面上的一些社会培训机构或教育机构为了迎合大数据这个新兴产业所带来的高额利润和回报，也相继开设了一些与大数据有关的课程培训，通过线上线下老师一对一或一对多式的教学，帮助学生考取一些行业从事所需的资格证。但由于没有优秀的师资引导，实验环境操作简陋，再加上短时间的补习教育，所以如此不完善的课程模式导致许多学生虽花了不少的金钱、时间和精力，但仍然没有学会学懂，反而对大数据的认识变得更加模糊不定。

（二）大数据人才供给现状

1. 高校培养供给现状

随着大数据价值的凸显，大数据与各行各业交叉融合、实现产业升级的步伐日渐增速，配套的大数据人才需求逐年猛增。我国的大数据产业目前正处于快速推动阶段，虽然中美两国基本上是在同一时段关注并开发大数据产业，但我国与美国之间仍存在一段差距，主要原因是大数据爆发于天文学和基因学，而天文学和基因学的强国是美国，并且在大数据爆发前，美国的信息技术已经拥有了很多的技术积累，在大数据领域具有先天的技术优势和数据原始积累优势。自2013年起，很多美国高校尤其是全球名校相继开设大数据人才培养项目，这些项目以硕士研究生的培养为重点，人才培养方向分为数据科学和数据分析两类。纽约大学着重培养"数据科学"类硕士研究生高层次研究人才；弗吉尼亚大学、西北大学、华盛顿大学则以数据分析为重点，着重培养数据分析和数据应用的硕士研究生高层次人才，而纽约大学更偏向于大数据行业应用，以大数据商业分析及其商务智能为重点，着重培养大数据在企业经营管理以及商业应用中的数据挖掘和数据应用的硕士研究生高层次人才。后来，麻省理工学院、卡内基梅隆大学、加州伯克利分校等高校也开始了大数据相关专业的各类大数据应用型人才培养计划；芝加哥大学还利用夏季暑假时间开设了短期培训班。在美国的大数据人才培养项目中，除了硕士研究生这类高层次人才培养外，其他名校也开始培养本科层次的应用型人才，甚至利用暑假短期培训大数据技能型人才。这些人才培养计划从本科到硕士、博士课程，课程设置各有千秋，在计算机科学、统计学和计算数学类基础课程的设置上有不同的侧重，在与其他学科的交叉方面也各具特色，有侧重于与管理学、经济学交叉的商业分析类，也有侧重于与医疗、交通等交叉的公共管理类，还有与环境、能源、电力、气候、生物等交叉的科学类。对学生的培养目标也有不同，有些项目侧重于掌握全面数据分析、可视化技术的大数据产业领域的工程师，有些项目则侧重于培养具备数据分析与决策能力的领导者。

在国内，香港中文大学、复旦大学、清华大学、北京大学、中国科学院、西安交通大学、浙江大学、华东师范大学、贵州大学等高校也先后启动大数据本、硕、博人才培养计划。

猎聘发布的数据显示，在培养出的大数据人才中，提供量排名前二十的城市中，位于前三位的城市分别是北京、上海以及深圳，为第一梯队，其人才提供率占比分别是26.61%、20.40%、10.57%，总和为57.58%。杭州与广州属于第二梯队，杭州人才提供率为4.93%，广州人才提供率为4.92%。除北京、上海、深圳、杭州、广州外，其余城市为第三梯队，人才提供率合计为27.67%，其中单个城市人才提供率最高为2.88%，最低0.43%。由此可见，我国大数据人才培养的供给现状堪忧，大数据人才供给严重匮乏。

在大数据战略背景下，大数据作为当前全球经济复苏和产业升级获取市场竞争力的关键技术，掌握大数据技术和具备大数据管理与应用的大数据人才需求量巨大。当前从业者主要都为年轻人，据腾讯网研究，百度企业的员工平均年龄皆为 26 岁。针对电商行业内大数据人才紧缺的问题，从源头上追溯，目前已经开设电子商务专业的高校有 455 所，每年皆有大批电子商务专业的毕业生，其就业率高达 90% 以上，然而令人失望的是专业对口率还不足 20%，悬殊如此之大，主要原因就在于高校培养的毕业生无法满足企业需求，与企业的要求相差甚大。

近年来，随着大数据时代的推进与发展，为了更好地培养出大数据人才，各大高校纷纷开设与大数据相关的专业。2014 年，清华大学首次开设了与大数据科学研究相关的硕士类学位，复合型多学科的培养大数据人才，真正开启了大数据领域专业人才培养的工作。截至 2019 年，教育部已审核和通过了 500 余所高校开办"数据科学与大数据技术"和"大数据管理与应用"本科专业的资格。在这些获得大数据类新专业建设及招生办学的资格高校中，不仅有复旦大学这样知名的双一流高校，也有许昌学院等新开设的本科类院校。如今的高校普遍采用"334"专业人才培养模式。"334"人才培养模式的含义是：第一个"3"代表大数据人才培养方向有软件开发、大数据技术或大数据管理与应用、互联网运用开发三个方向；第二个"3"代表大数据技术采集与存储或者大数据应用的三类技术平台，分别是 WindowsVS. NET 平台、JAVA 平台以及 IOS 平台；最后一个"4"是四类课程模块，分别为公共课程模块、网络课程模块、程序设计类课程模块和专业技能课程模块。大数据"334"人才培养模式可以说是目前比较成熟完善的一种模式了。截至 2018 年底，全国培养出来并可运用的大数据核心人才约为 200 万人，集中工作于北京、上海、深圳、杭州和广州，且大数据人才占比达到 47.5%。尽管如此，2018 年底另一份统计报告显示大数据核心人才仍缺 60 万人，并预测到 2025 年全国大数据核心人才将达到 230 万人的巨大缺口。

大数据人才缺口如此之大，人才供给如此匮乏，其原因在于高校设置的课程大都普遍类似，没有针对效果，多以概念为主，应届毕业生很难适应时代对实践技术相关能力的需求。对于大数据人才的培养，高校培养仍处于不断摸索的阶段，对于市场的需求状况高校并未完全掌握。在开设这些专业的院校中，不仅有北京邮电大学和复旦大学这样的 985、211 高校，还有一些新建的本科院校。其中所获招收大数据专业的院校水平参差不齐，专业的建设比较匆忙，所开设的课程培养针对性不强，这在新建的本科院校中尤其突出。在大数据的人才培养中，培养的整体较为单一，不够全面。大数据方向实践能力课程体系是决定大数据人才培养是否符合用人单位的关键，然而，针对大数据方向实践课程体系的研究相对较少，无法满足市场的用人需求，与社会行业所需人才仍旧存在一定的差距。鉴于大数据的相关知识体系并不系统，所涉及的课程范围过于单一，不利于培养大数据复合人才。高校对于大数据人才的培养着重在于理论知识的输入，对于实践的结合非常薄弱，以至于所培养的人员无法满足市场的需求，相关的经验积累缺乏。从现如今的情况看，大数据相关课程的建设规划合理，但随着大数据的飞速发展，需要不断地改进和调整人才培养方式。此外，部分高校并没有发挥出专业课程实效，不少学生觉得学校学的理论知识在实际上并不能完全用上，学习的积极性不高，因此理论知识水平和实际操作水平都有悖于我们的初衷。

引用美国 iSchools 院校的案例来说，各校大数据专业人才培养方案的内容非常严谨且细致。从人才培养方案可知，这些高校具有灵活的培养方式，明确的培养目标，课程设置跟随时代改革，大数据人才培养体系和大数据人才培养方案已经发展较为成熟。参照 iSchools 院校大数据人才培养的先进经验，可以指导我国大数据人才培养的发展和改革。通过对比分析美国 iSchools 院校和我国院校大数据人才培养，发现我国的大数据人才培养和大数据专业教育还处在探索式的初级阶段，培养体系较为滞后，培养模式较为单一，大数据人才培养的规模发展和优质人才培养的任务艰巨。我国相关部门对人才需求作出统计，在未来的三到五年内，数据分析师和数据工程师的人才需求将会缺失 100 万人左右，然而我国目前的现有大数据人才以及培养的规模和质量都相差很大。

2. 社会培养供给现状

社会的培养特点着重在于培养人才的技能方面，重点打造的是实用型人才，但是在面对大数据技术的出现时，并没有系统的培养方案，所培养的人才并不能很好地适应岗位要求，达到市场的需求。究其原因，一方面在于大数据专业教师的缺乏。很多教师是由软件开发或是数学相关专业的教师转型而来，这种方式并不能在短期组建一支优良的大数据专业团队，所传授的大数据相关理论知识也不够深入。一个合格的大数据专业教师，需要具备丰富的知识基础以及实践项目经验，对于现阶段社会的现状而言，大数据专业的教师还有很大的提升空间，仍不能达到合格的师资要求。另一方面是所接受培养的学生有很大部分缺乏高端技术的能力。互联网的热潮掀起，使大量的人群涌入这个行业，但这些学生的基础不一，学习能力以及接受能力并不能得到保障。根据目前大数据行业所缺乏的岗位来看，社会中的大数据技能型人才可以胜任大数据平台的搭建、数据运维，懂得一些简单的数据挖掘和大数据基础知识，但是并不能胜任大数据分析、开发等高技能方面的工作。

3. 大数据人才供给质量

与日益庞大的大数据产业结构以及大数据发展的趋势相比较而言，大数据人才稀缺是目前社会环境下所面临的一个巨大的问题，大数据人才的传输远远跟不上大数据时代的发展步伐，使整个大数据产业的发展失衡，人才的供给不足，导致市场的需求得不到满足。大数据人才的整体培养体现还不够完善，所培养的人才实践经验不足，缺乏必要的实际操作能力，与社会上所需求的大数据人才标准存在偏差，导致供求的大数据人才水平层次不一。大数据产业涉及众多的领域，各个领域间存在差异，所需求的大数据人才也有所不同，面对不同的领域应当提供针对性人才才能最大限度地满足市场的需求标准。

大数据的人才分布不够均匀，供给也存在一定的侧重，人才的主要集中点位于一线城市。一些规模完全的互联网公司和新兴的强势企业都主要在北京、广州、深圳、上海、杭州五大城市，这五大城市是信息技术发展的引领者，由此可以看出大数据的发展领域存在倾斜，大数据人才的整体结构仍需进一步改进，从而实现大数据产业的全面发展。中国的大数据人才除了分布地区存在严重不平衡的问题，人才的学历层次也存在着巨大差异，各个学历层次混杂，知识起点不一。从事大数据岗位的人员所期望的薪资与实际存在偏差，导致人们对于此领域的积极性并不高涨，人才极度缺乏。但是人才的匮乏并不仅仅限于中国，整个大环境下大数据人才都是极度稀缺的情形。从现阶段的情况来看，大数据人才的培养，无论是规模上还是质量上，都很难达到所需要的要求，大数据人才的输出有限，人才质量有待提高，大数据人才的供给缺乏原始技术知识的积累，复合型人才的培养模式有待优化完善。《大数据产业发展规划（2016—2020年）》明确指出，我国大数据产业发展过程中很多方面都存在人才紧缺的问题，具体有大数据业务应用人才紧缺、大数据产品研发人才紧缺、底层算法的大数据研究型人才紧缺，人才紧缺严重脱节于大数据产业发展需求。大数据人才紧缺是整个行业发展的痛点所在，如何快速培养出一批高质量的大数据人才是现如今亟待解决的一大问题。

二、需求分析

（一）大数据人才总量需求巨大

大数据人才匮乏制约着大数据产业发展，急需大量的各类大数据人才做支撑补充。但是，由于大数据诞生于网络化普及和分布式技术高速发展的最近几年，大数据理论研究和实践应用都处在发展初期阶段，所以与之对应的大数据人才培养严重落后于社会需求。

从整体来看，产业转型升级以及数字中国建设这些项目对大数据人才的需求呈现逐年快速增长的趋势。麦肯锡（Mckinsey）预测，2018 年美国"深度分析"人才有 14 万～19 万人的缺口，"能够分析数据帮助企业做出商业决策"的"商务智能大数据管理与应用人才"缺口为 150 万人。《哈佛商业评论》更是将数据科学家（Data Scientist）称为 21 世纪最富挑战、最热门、最"性感"的职业。Google、Amazon、Facebook、BAT（百度、阿里、腾讯）等著名企业相继设立"数据科学家"工作岗位。在 2020 年的时候，企业对于大数据计算与分析平台上的花费将会突破 5000 亿美元，这是根据国际数据公司（IDC）权威预算得知。高德纳（Gartner）预测，具备大数据分析管理技能的 IT 专业人才严重缺乏，仅有 1/3 的新工作岗位可以成功聘用人员，全球新增与大数据相关的工作岗位达 440 万个，尤其是其中 1/4 的组织将设置"首席数据官"职位。数联寻英《全国首份大数据人才报告》显示，我国当前大数据人才储备只有 46 万人，随着大数据产业及其相关智能制造、科技兴国和 5G 新基建的增速发展，未来 3～5 年内大数据人才缺口更加明显，预计高达 150 万人，而到 2025 年智能制造、工业互联网、工业 4.0、"互联网＋"对全行业的深度融合，大数据人才缺口将达到 300 万人（夏大文、张自力，2016）。

（二）大数据核心人才需求急剧增加

从整体上看，社会的产业发展逐渐转型升级，由传统的生产类型逐渐转换为数字型产业，这一发展态势导致现如今对于大数据相关的人才需求迫切，然而人才的整体培养质量以及培养速度远远达不到所要求的标准，这也致使大数据人才除总量缺口持续递增外，优质大数据人才缺口更是明显，数联寻英《全国首份大数据人才报告》预测，到2025年全国大数据核心人才缺口达230万人。中国的产业逐渐转型升级，数字化经济大力发展，整体而言，大数据人才主要集中在金融行业和互联网行业，且需求量处于持续增长的状态，人才的分布也不够均匀，导致制造业对于大数据人才的需求更加急切。大数据在如火如荼的发展态势下，所需求的人才质量也在不断地增强，单一的大数据人才已经无法满足如今的市场需求，市场上对于大数据人才的多面技能及综合能力要求更加严格，对于不同领域所侧重的人才技能要求也有所不同，对大数据人才需求的综合能力要求也日益增强。对于未来的大数据人才需求，不仅仅限于基础知识的掌握，还需要相关人员掌握必要的操作处理技能，并且具有终身学习的能力以适应时代的发展变化，在时代变迁中能够快速调用已有知识储备和实践操作经验来解决新问题，适应新变化。现如今对于人才的需求，专业技能及知识的掌握是基础，对于综合能力的提升也尤为重要，大数据人才需要具备良好的心理素质，不断地提升自我的能力，拥有较强的学习能力和技术的更新，以应对实践业务中可能发生的各种状况。所以说，高质量的大数据人才在市场上仍旧存在非常大的需求量。

（三）大数据人才需求的行业特点

大数据正不断发展，企业信息化程度也不断加深，越来越多的企业在高学历的基础上还必须要求员工具备相应的信息技术能力，国内外的IT企业对大数据人才的需求量也不断增加，如百度、淘宝、腾讯和阿里巴巴等，都亟须大批大数据人才。通过现代技术"网络爬虫"与"大数据"调查方式，收集了各个企业发布的大数据相关岗位的招聘信息，共计6833条，了解到不同行业对大数据人才的需求量大小，结果表明，IT行业和信息服务行业对大数据人才的需求，占比为44.25%，广播电视、卫星传输、电信运营类企业对大数据人才的需求占比为22.99%，这两类是所需大数据人才数量最高的行业。大数据虽作为计算机类的新型技术，但在非科技类企业，其对大数据相关人才也有很大需求量。如当今十分火热的行业：电子商务，这种新型商业形式若想发展得十分迅速，必须要有很多的大数据人才来支持其快速成长。2018年电商行业的网络招聘需求统计显示：运营类岗位占比高达31.21%，其次是数据与技术类，占比25.13%，最低的是产品类，仅有4.34%，不难看出，其中中高端人才尤其缺失。由于电商行业的独特化，其对于人才的综合能力便有很严格的要求。如缺失率最高的技术人才，不仅要有牢固的计算机、网络、数据统计等知识，还要有对于市场敏锐的观察力和数据收集能力。因此，解决当前的巨大缺口问题是电商行业在激烈的竞争中不被落后淘汰的重要前提。

全球最大的一个职业社交平台"领英"调查统计了自身平台上约 50 万来自中国并从事互联网行业的人，结果显示，人力资源、企业运营、数据分析、产品经理、市场营销和研发工程师是当前我国互联网行业中需求最热的六种人才职位。然而，这六种热门职位都呈现出供小于求的局势，其中需求量最大的是研发工程师职位。

（四）大数据人才流失与引进不足

被大量信息充斥着的社会的核心挑战，是大数据技术的发展对人才培养与管理所构成的挑战。以最需要人才的企业为例，新技术虽然为企业的发展带来了很大的优势，但由于工作岗位的变化，复合型技能岗位的增加，大多数员工需要从简单的"体力劳动者"转变为"知识工人"。然而，当前很多企业职工的整体素质低下，创新发展能力极其有限，上级管理人员技能不高，发展结构规划较不合理。近年来，不同种类企业的发展过程中还存在着一个严重的问题，那就是人才流失，尤其是高学历高层级的科技技术类人才和管理型人才。中国社会调查事务所研究显示，我国存在人才危机的企业高达六成之多，在最近的五年内，我国各类型企业的人才流失与引进的比例达71%，其中大部分为高级管理型人才和大数据科技技术类人员。这样人才的流失，无疑会给企业带来巨大的挑战，其核心技术缺失，人员结构不稳定、团队涣散，使企业在市场竞争中优势尽失。虽然近年来在"国家大数据战略"的背景指导下，北京大学、复旦大学和中国人民大学等高校以及一些机构在大数据研究方面已纷纷展开布局，但是目前的大数据覆盖规模仍然不够广泛，这些已经设立了大数据专业的高校仍处于课程筹备阶段。总的来说，我国在大数据教育培养方面提供的大数据人才远远小于社会对大数据人才的需求。

由以上分析可知，我国目前的大数据人才培养现状并不能满足当下大数据人才的需求情况，不管是人才供给量还是供给的人才质量、供给的人才类型，都呈现出供给远远落后于需求的现象。

三、供求对比分析

从以上大数据人才培养的供给与需求现状来看，大数据人才供给远远落后于需求，供求矛盾突出。不仅如此，在现有的大数据人才培养中，从学位人才培养角度看，硕士和博士研究生类高层次研究型数据科学家的培养是主流，本科层次的应用型人才和专科、高职类技术技能型人才培养较少，不能满足大数据产业发展对人才的多样化、多层次需求。

第三节　大数据人才培养实践与研究述评

一、国外培养实践与研究述评

（一）大数据人才培养现状与对策研究述评

国外对大数据人才培养的研究主要通过调查研究方法总结大数据人才培养现状，并从现状中归纳课程建设情况，提出改善人才培养的策略和建议。Song Y. 和 Zhu Y. G. 通过调查研究，总结出美国大数据人才培养的四种类型，分别是本科学士培养、职业认证培养、硕士培养和博士培养，其中本科学士培养很少见，只有少数几个高校有相应的培养计划；职业认证教育以网络培训为主，短期即可完成；而硕士和博士培养需要深度的数据分析和跨学科的综合培养，往往是政府、企业、高校的跨部门合作培养。笔者在调查中发现，这些高校的人才培养核心课程基本一致，主要包括概率论、数据挖掘、计算机编程、数据结构和算法、数据库和机器学习以及数据可视化。根据这些大学的实践经验，笔者提出在大数据人才培养中应该实施以下 9 个培养策略：按照首席数据官应具备的能力要求设置课程、以数据分析生命周期所涉及的知识结构和技能来培养大数据人才、注重大数据技术和建模技巧的培养、培养中应包含大数据研究方法类的课程、除了教大数据也应该教学生掌握小数据分析的能力、为学生提供真实项目的实践机会、跨部门/跨学科交叉培养、与企业/政府合作、积极使用慕课资源辅助教学。Rong T. 和 Sae – Lim W. 通过对随机选择的来自八个不同学科体系的 30 个数据科学教育项目进行调查总结，发现美国目前的数据科学教育在专业培养方案、课程要求和课程体系方面的差异性非常大。首先，在专业培养方案方面，各个培养项目都有自己的特色，只有跨学科是普遍被认同的教育理念。其次，在课程要求方面，不同的培养项目需要的学分和课程不同，但大多数项目的课程涵盖了基本技能的培养，但上层技能却没有得到充分培养。最后，在课程体系方面基本都是通过各自的核心课程培养学生掌握信息处理的四大技能，如在网络大学的培养项目中，数学/统计课程的培养效果很弱，所提供的核心课程和选修课没有解决真正问题的能力。Han W. T. 和 Guo Y. T. 选择了北美 37 所网络大学作为研究对象，发现已经有 20 所网络大学开设了数据与科学相关的项目或专业，其中 6 所大学提供了数据科学学士学位人才培养项目，15 所大学提供了数据科学硕士学位人才培养项目，只有华盛顿大学信息学院在网络上同时提供数据科学本科学士和硕士学位的培养。这些网络大学的大数据人才培养课程安排总体上：采取交叉培养的模式，一些项目是合作开放的，由几个学院或学校联合培养；大部分的项目，学分要求为 30~40 学分，学生必须 1~2 年内完成学习，总学时在 100~200 学时，课程分为一般课程、指定课程、核心课程和选修课程；有些项目还设置了高级项目管理课程，核心课程相似度高，如数学（尤其是统计学）、计算机科学、数据管理与处理、可视化与社会科学，并且发现硕士课程比学士学位课程灵活得多，更注重大数据分析、先进数据处理技能的培养。

（二）大数据实践能力培养研究述评

大数据技术渗透在各个领域，尤其与早期已有的情报学、信息资源管理、管理信息系统有着密切的专业交叉融合关系。因此，国内外学者对大数据技术与应用、情报学、信息资源管理、管理信息系统以及它们的交叉发展进行了大量研究，研究内容以成果导向的教育模式、人才培养、课程建设为主。R. S. Nadiyaha 和 S. Faaizah 为了提高学生协同合作的能力，在基于在线协作项目的协作学习基础上，构建了包括分析、设计、开发、实施和评价五个阶段的 ADDIE 模型，突出学生写作能力的提升。K. Tana、M. C. Chong、Subramaniam 等从系统视角分析 OBE 方法来提高护士成绩和认知能力、知识获取能力、临床技能和护理核心能力，验证 OBE 方法对提高护士的能力有非常显著的效果。

值得一提的是，大数据人才的实践性很强，培养中应注重解决实际问题的实践能力。Miller S. 提出大数据人才培养应该采取校企合作模式，以社会需求为导向，重新调整课程和学位培养计划，以确保它们所培养的毕业生具备大数据时代所需的技能，从而解决大数据人才培养与社会需求脱节的矛盾。Eybers S. 和

Hattingh M. 提出使用翻转课堂的教学方法来解决这一问题。Zhang Q. 构建了基于 Oracle 的大数据云实验室，通过实践体系来解决实践能力提升的问题。

（三）数据素养教育研究述评

由于大数据是新工科时代的重要基础，大数据人才的数据处理能力关系到其他学科的人才建设。所以，Aikat J.、Carsey T. M. 和 Fecho K. 等提出，在所有的专业教育中，都应该增加一种新的面向领域数据科学家的、以数据为中心的教育理念，即必须纳入领域科学与数据科学相结合的跨学科培养；必须让学生在数据支持的研究团队中工作；必须包括数据科学家的团队合作和领导技能教育；必须通过学术/行业实习和毕业实习提供体验式培养，以最大限度地挖掘数据人才的潜力。

国外学者研究成果集中在数据素养能力、教学过程以及数据素养与学科研究之间关系等方面，强调数据素养教育贯穿教育全过程的理念，既是一种基本知识技能、科学研究的重要方法，也是开发数据素养能力的测量工具，从而提升教学的质量。E. S. Gummer 和 E. B. Mandinach 从底层研究、发展和能力三个方面构建数据素养概念模型，从教师教学角度强调学科知识和学科教学知识结合，并设计问题识别、问题提炼、数据利用、数据转换为信息、信息转换成决策以及结果评估数据素养教学过程，尝试利用证据中心设计模式开发测量工具。W. B. Kippers、C. L. Poortman 和 K. Schildkamp 等重点研究如何通过合理数据干预和引导提高教育工作者的数据素养能力，并将数据干预贯穿到问题设置、收集数据、分析数据、解释数据以及数据教学引导等教学过程中。T. L. Shreiner 分析了数据素养在社会研究中的重要性，并通过分析美国大、中、小学教材中数据可视化现状，认为数据素养不仅是一种基本知识技能，还是进行学科和创新研究的重要方法。

二、国内研究述评

（一）大数据专业建设与改革研究述评

随着大数据时代的到来，大数据科学与技术、图书情报、信息管理、信息系统等多学科交叉专业都体现着大数据的特点，国内学者对这些成果导向的教育模式、人才培养、课程建设等方面进行了大量研究。任增元和刘军男在《人工智能时代高校人才培养变革的思考》中强调，在人工智能时代的发展机遇与挑战下，高校教师应积极转变角色，与行业企业联合打造产教融合人才培养平台，以行业企业用人需求定制化调整课程体系和专业设置，同时引导教师合理利用和发挥人工智能在人才培养中的优势。张男星指出，中国高等教育的内涵建设逐步聚焦到"一流本科""一流专业"以及"一流课堂"建设，采用OBE理念提升高校专业教育质量，解决我国高校人才培养与社会需求脱节的问题。在新工科战略和新工科教育发展背景下，有些学者研究了新工科大数据人才培养。例如，桂劲松、张祖平和郭克华联合发表论文，针对新工科背景下数据科学与大数据技术专业建设要求，从培养目标、培养模式、课程体系、毕业要求等方面探讨新专业的建设思路。而陈沫、李广建和陈聪聪从情报学视角探讨大数据与数据科学专业人才培养目标和模式，特别提出情报学与大数据专业要深度融合，并对培养目标和课程设置模式提出科学建议，有效地推动了情报学、计算机技术和大数据技术领域的知识融合创新。钱思晨、肖龙翔和岑昃莲分析我国图书情报学数据素养教育有待进一步加强，并针对图书情报学专业特点，从树立数据意识、掌握数据知识、培育数据能力、培养数据伦理四个方面构建了图书情报学专业数据素养教育体系。易艳红、张晶和张聪针对各层次大数据人才的迫切需要，根据上海商学院的改革实践，结合信息管理与信息系统专业人才培养现状，从大数据人才应具备的专业技能角度出发，分析信息管理与信息系统专业的学科特点与大数据学科的交叉关系，并对比分析信息管理与信息系统专业人才岗位素养和技能要求与大数据专业人才岗位素养和技能要求，提出应用型本科层次信息管理与信息系统专业的课程设置和实践教学改革方案。

（二）数据素养教育研究述评

国内学者研究侧重在中外数据素养教育对比分析、数据素养概念、模型、能力评价方面，侧重数据素养概念界定和框架模型研究，虽有数据素养能力模型或者测量工具成果，但与实际教学过程脱节。陈媛媛和王苑颖分析了加拿大数据素养教育实践经验，结合我国数据素养教育现状，在数据素养培养目标、技能要素、全周期教育理念三个方面给出了适合我国的多样化数据素养课程方式、数据思维人才培养方式、大数据实验室建设建议。孟祥保、符玉霜和常娥通过深入分析美国数据素养典型课题，系统阐述了美国数据素养课题的基本特征及其价值，并梳理出数据素养内涵和需求、数据利用行为和数据素养教育的关系，针对我国数据素养教育显著，指出我国数据素养课题在界定数据素养研究边界、细化研究主题、跨学科研究以及开发数据素养测量工具等方面存在明显不足，资助和研究力度有待加强。

黄如花和李白杨认为，数据素养是大数据时代下原有信息素养的一种扩展，并从不同教学主体与教育受众的角度探讨数据素养教学范围、内容和形式。秦小燕和初景利基于国内外数据素养理论研究与实践进展，明确了科学数据素养的核心内涵与研究范畴，提出在大数据时代以科学数据为核心的行为过程侧重数据需求分析、数据生产与收集、数据分析与处理、数据出版与共享、数据组织与保存、数据发现与获取、数据评价与再利用等。杜宗明从知识、逻辑和时间三个维度详细探讨数据素养培育理论的霍尔三维模型，并为实践应用提出科学参考。周志强和王小东强调高校在数据素养教育中的重要地位，分析信息素养和数据素养内涵的相互关系，从认知、能力、应用和需求四个维度构建了数据素养模型。李霞、陈琦和刘思岩在辨析信息素养和数据素养的基础上，从数据意识、数据知识与技能、数据组织与管理以及数据表达与解释四个方面构建数据素养能力评价指标体系，并通过专家访谈和调查问卷方式进行验证，最终给出互联网环境下大学生数据素养能力提升的相关对策建议。张靖、何靖怡和肖鹏从数据挖掘模型的背景分析、情境分析、建构方式、指标体系、挖掘内容、对应的数据生命周期及应用效果等方面分析数据素养的培养，提出能力导向和目标导向的数据素养教育思路，为数据素养教育实践提供了科学参考。

（三）大数据管理与应用专业数据素养教育现状

从 2017 年开始，教育部积极推进新工科建设，先后形成了"复旦共识""天大行动"和"北京指南"，同时发布了《关于开展新工科研究与实践的通知》《关于推进新工科研究与实践项目的通知》，全力探索形成领跑全球工程教育的中国模式、中国经验，助力高等教育强国建设，为未来新兴产业和新经济需要培养实践能力强、创新能力强、具备国际竞争力的高素质复合型新工科人才，主动应对新一轮科技革命与产业变革，服务一系列国家战略。

在此背景下，大数据管理与应用专业随之新增，西安交通大学、东北财经大学、南京财经大学等30所高校获批"大数据管理与应用"新专业建设，专业代码为120108T，设置在管理学学科下，授予管理学学位，主要研究现代经济、社会管理中大数据分析的理论和方法以及大数据管理与治理模式。但是大多数学校在大数据管理与应用专业建设中难以摆脱传统信息管理与信息系统专业建设思路，侧重培养学生信息资源管理和应用统计学的能力，导致大数据管理与应用专业建设同质性较高，大多是借助商科优势，培养具有国际视野、创新意识、创新能力的复合型人才，只有西安交通大学等少数高校提到培养数据科学家。另外，对斯坦福大学、哥伦比亚大学、卡内基梅隆大学、密歇根州立大学、爱丁堡大学等欧美知名高校开设的商务智能分析、数据科学、商业分析科学等大数据相关专业调研分析发现，每个学校专业方向和核心课程都有侧重，系统视角培养数据素养的特色明显。

大数据管理与应用是顺应现代互联网大数据环境企业人才需求现实和未来发展趋势而设立的，同时该专业具有管理学、计算机科学、情报学等多学科交叉特征。按照全数据周期的角度来看，数据素养一般包括数据感知能力、数据采集能力、数据预处理加工与分析的能力、利用数据结论进行战略决策的能力和对数据的批判思考能力。大数据管理与应用专业应该同时重视这五个维度的数据素养能力的培养，而信息管理与信息系统专业则侧重培养数据处理能力维度的数据素养，图书情报侧重培养数据收集和分析能力维度的数据素养。鉴于该专业可以支撑管理科学与工程、图书情报与档案管理以及安全科学与工程等一级学科，因此很容易陷入大而全的专业建设怪圈。基于此，国内大数据管理与应用专业建设现状呈现以下特征：对新专业人才培养定位比较宽泛，专业的培养方案、课程设置、反馈评估等过程缺乏清晰的关联主线，对专业培养人才反馈和评估与专业建设紧密度不高。

三、综述

通过总结国内外研究现状，发现现有文献主要是概述大数据人才培养现状，尤其是对现有实践中的课程体系总结得比较清晰。大数据人才是跨学科的复合型人才，在课程设置上基本都是统计学、计算机科学、数据库、商业管理等多学科交叉融合；在解决大数据实践能力培养方面都提出理论联系实际、增加校企合作，加强真实数据的处理能力的培养。但是，有关校企合作如何合作，大数据如何共享与实践，如何按需培养企业所需人才还未深入讨论。对跨部门、跨学科的课程与资源该如何整合，跨学科整合时如何解决现有体制的冲突问题，跨部门、跨学科的师资如何流动方面的研究也很匮乏。此外，在大数据人才培养的效果评价上，缺乏评价体系的研究。由于大数据人才培养才刚刚开始，很多第一届大数据人才还未毕业，所以有关评价体系的研究相对于人才匮乏的问题而言没有那么紧迫。

大数据对新的产业革命和新工科教育具有重要指导意义，而大数据人才的极度匮乏使人才培养成为亟待解决的问题。因此，需要在大数据人才培养的发展现状和研究现状基础上，研究大数据人才培养的模式及策略，并深入研究每种模式下的专业培养目标与培养方案、课程群建设与培养方式、实践教学与师资配置、人才质量评价与动态调整机制等问题，解决当前大数据人才培养问题，平衡供求矛盾，促进大数据产业发展，服务国家经济社会产业升级，提升国际竞争力。

数据素养是当前研究的热点，国外学校已经非常重视学生和教师数据素养的培养，并将数据素养培养系统融入到专业建设中，国内逐渐开始意识到了数据素养培养的重要性，在数据素养概念、框架体系和评价等方面积累了一些研究成果，但是将数据素养系统融合到大数据相关专业建设中的研究成果较少，尤其是面向大数据类专业建设的数据素养建设研究成果鲜少。

第二章
大数据人才分类与培养要求

随着大数据时代的逐渐成形，对于相关技术人员的要求也有了相应的标准，针对管理型人才也有了更加严格的要求。合格的大数据人才需要有着非常广泛的知识体系，并且能够运用特定的技能对批量数据进行系统化分析，从而获得有用的价值并运用于实际获得效益，其中具体有数学分析、商业分析、处理自然语言以及统计学等。大数据对人才的要求不仅限于对技能的掌握，还需要能够独立获取知识的技能，并且拥有实践以及创新的能力。大数据人才最主要的任务是对大量数据进行处理，从中分析提取出有价值的信息运用实际，为特定的任务提供决策信息以及相关的数据基础。

第一节　大数据人才分类

一、按学位和能力分类

近年来，数据科学研究机构在世界各国相继成立，高等学院也纷纷顶层设计整合全校资源，形成多学科交叉发展的大数据类新学院，或与校外的科研院所、地方政府、行业企业合作，通过产教融合的方式联合培养大数据人才，如美国哥伦比亚大学、英国帝国理工大学、荷兰埃因霍温理工大学、香港中文大学、清华大学、北京大学、复旦大学等。当前，大数据人才培养大致可分为学位（科研人员）培养和学位职业（应用人才）培养（夏大文、张自力，2016）。

按学位分，大数据人才可以分为高职及专科人才（无学位）、本科学士、硕士研究生、博士研究生四种类型；按人才性质可以分为学术科研型人才、职业应用型人才两类。

学位（科研）人才培养主要面向本科生、硕士生和博士生，并将相应获得数据科学的学士、硕士和博士学位，以及获得学位后进一步提高科研人员的数据创新能力，为政府部门、企事业单位输送跨界复合型数据科学家。通过系统培养，学位（科研）人才能掌握计算机科学（如数据挖掘、机器学习、知识图谱等）、数学、应用统计学等基础专业知识，经济、物理、生化等交叉学科知识，以及商业数据分析、科学数据分析和自然语言处理等相关应用技能，并在数据获取、存储和检索等方面进行深入了解和亲身实践（夏大文、张自力，2016）。

职业（应用）人才培养主要为商业智能管理人员、数据库专业人士、数据科学研究生提供中短期技能培训，并将获得数据科学的培训证书，进而培养数据工程师和数据分析师。该类人才侧重掌握数据获取、数据存储、数据检索等数据工程知识、数据挖掘与机器学习知识，掌握大数据分析应具备的大规模并行处理技术（如 Hadoop、Spark、MapReduce、Mahout 等工具），尤其是根据其所在领域参与商业大数据项目（应用案例）的分析处理（饶玲丽、陶娟、陶光灿，2019）。

二、按数据全流程的岗位分类

大数据源于各行各业信息化业务产生的超规模数据集，为了优化基于数据业务的各种经济管理行为，需要在"死"的数据与"活"的应用之间架起桥梁的信息专业人才，这类人才便是"数据人才"。既包括被美国《哈佛商业评论》杂志列为"21世纪最性感的职业"的数据科学家，也包括整个数据处理生命周期中涉及的全部数据业务人员。

（一）数据（处理）技术人才

能处理数据采集、分布式数据存储的技术型人才称为数据（处理）技术人才，主要由原来的信息技术、计算机科学、软件工程、信息管理与信息系统、统计学等领域诞生。这类人才具备数据处理全过程（数据获取与采集—数据清洗和预处理—数据加载与存储—数据挖掘建模—数据分析与可视化—数据决策与应用）或其中一环所需的专业技能。数据工程师或数据架构师都属于数据技术人才。数据工程师（数据架构师）是掌握 Hadoop、MapReduce、Spark、HBase 等大数据开发环境和工具的工程师，善于在数据规模和系统配置、软件优化方面进行调优，使大数据系统得以在用户希望的时间内完成相应的工作。

区别于传统的数据技术人才，数据规模从 TB 级别跃升到 PB 级别乃至 EB 级别，单从这一点来看，数据的处理已经不是传统技术手段可以完成的，数据的"秒级定律"对数据实时处理与分析的能力更高，传统的数据处理模式难以满足大数据行业发展需求。在多源异构的大数据时代，非结构化数据占比 80% 左右，传统的关系型数据库难以处理大量的非结构化数据。由于现在的大数据更多的是非结构化、非关系型数据，所以在传统关系型数据之外，要求大数据技术人才掌握以 Hadoop 的 HBase、MongoDB 的 NoSQL、MySQL 为代表的开源数据库，以及免费开源的数据清洗工具 OpenRefine、DataWrangler 和 GoogleRefine 等数据处理技术与工具。但是，掌握上述处理技能的人才只在一小部分 IT 精英中，这部分人才的数量远远不能满足如今大数据对各行各业的渗透。

（二）数据管理人才

数据管理人才不仅能实现对数据需求管理、元数据管理、数据质量管理等方面的传统或面向应用的数据管理，还必须具备数据维护和运营的能力，即面向业务的数据管理。这类人才主要由计算机科学、管理学、经济学领域诞生，负责对数据的保存、管理、维护和运营。优秀的数据管理人才，应该能够敏锐地捕捉所管理数据的核心价值；能够通过业务流程发现数据增值的空间；能够在"数据"与"价值效益"之间找到契合点；能够及时准确判断数据的折旧值；能够合理利用数据废气实现再增值。

（三）数据分析人才

数据分析人才是最先接近数据价值的人，现有的相似职位为数据分析师。他们主要从决策科学、信息经济学、计算机科学、人工智能及其机器学习、应用统计学、哲学社会科学等领域诞生，主要负责对大数据进行价值挖掘，包括对数据统计结果的赠别与分析，对数据分析结果的评估与展示，对用户数据需求的判断与反馈。数据分析师掌握了 Matlab、R、Python 语言之类的大数据分析工具，具备良好的数理统计知识背景，通常是统计学家，能理解业务需求并应用工具进行数据挖掘。数据分析师被定义为在不同行业中，专门从事行业数据采集、数据处理、数据分析，并依据数据分析结论做出科学决策的一类人，他们的主要职责包括寻找、检索、整理和传递从数据中来的见解，帮助报告和发现隐藏在数据潜在产品中的有意义的见解。

广义的数据分析人才为，在现有的数据分析师的基础上加上辅助决策。数据分析师是从大数据中提炼出有价值的见解，这一提炼过程的前提是准确和客观，即只要说出数据所隐含的事实就好，至于这个"事实"的价值判断则无关紧要。那么，把这个"事实"或"见解"摆在决策者面前，只有当决策者同样具备数据分析师的某些专业技能时，才可能做出"趋利"的决策；反之，则有可能在"事实"面前做出"趋害"的决策。现在的大部分企业决策者并不是大数据时代的产物，因此他们之中并没有太多人具备数据分析的能力。所以说，广义的数据分析人才是在现有数据分析师的基础上具备辅助决策能力的人，即他们会在将"事实"和"见解"提炼出来的同时，以仿真模拟的方式代替决策者做出决策，至于决策者最终会不会接受就是另外一回事了。由于数据分析人才亲历了数据分析的每一个步骤，深知每一个因素对分析结果的影响，所以，在仿真模拟的时候，便会在每一步都做出"趋利避害"的选择，同时他们还具备全局观和系统观，能够准确判断"$1+1>2$"的情形，适时对偏差进行校正，最后产生数据价值决策的最大化。

（四）数据安全人才

数据安全人才主要从政策科学、计算机科学、社会学、伦理学领域诞生，主要负责数据本身和安全维护和保障，同时也负责数据使用的安全维护和保障，包括数据隐私保护、数据保护和数据加密、阻止黑客攻击、建立数据安全防护体系等。

数据是资源组织的单位，网络安全归根结底是数据的安全。在如今开放的数据浪潮中，数据安全更是制约开放数据的初衷能否最终实现的关键因素。在大数据时代，专科、高职、本科层次的信息安全专业首先是培养大数据基础技能的人才，其次再深入大数据安全岗位培养专业的大数据安全人才，最后是深耕大数据安全管理领域，成为大数据安全管理总监一类的高级人才。

（五）数据政策人才

数据政策人才主要由政策科学、公共政策学、公共管理学、社会学、伦理学、新闻传播学、法学、历史哲学、政治学领域诞生，主要负责与数据相关的法律法规的制定与研究。在大数据产业发展初期，有关数据管理与数据使用的法律法规及其制度规范还不完善，急需大数据政策人才。数据政策人才一般是专家或行业先驱，一般指数据专家中研究政策的人或是研究政策中的大数据人才，抑或是倡导数据运动的人，他们责任重大，既肩负着数据发展、数据开放、数据规范的政策研究与制定任务，还承担着政策落地的实施效果及为党中央提供决策意见的使命。因此，数据政策人才的培养起点高，不仅是跨学科的人才培养，更是专家级人才的培养。高校层次的培养更多是为数据政策人才的培养奠定专业基础素养和知识储备，需要他们毕业后走向社会，在社会上累积足够丰富的实践经验和开阔的眼界，只有这样，才有可能成为数据政策性人才。

（六）数据开放人才

数据开放人才的职责目前主要由倡导开放数据的各国政府首脑、互联网先驱以及数据公益组首领承担。随着世界开放数据潮流的发展，今后数据开放人才有望从统计学、信息技术、人工智能、网络科学、政策科学、社会学、经济学等领域诞生。他们主要负责开放数据的有关事宜，如数据开放理念的传播和普及、开放数据运动的呼吁和推动、开放数据平台的建立和维护等。

开放数据是继自由软件、开源运动和开放存取后又一崇尚开放、自由、共享精神的热点，就像 1994 年互联网出现早期我们所看到的潜在发展机会那样，开放数据的潜力同样不可小觑。这个潜力的挖掘，就需要依赖数据开放人才的发现。

数据开放人才并不一定要具备资深的技术功底，他们所应具备的素质和能力，首先是对"开放"理念的认知与认可，其次是推动"开放"的理想，最后是具有一定影响力的开放数据实践。在大数据时代，获取开放数据时，数据开放人才的专业知识的应用会受到来自技术和竞争对手的挑战。因此，除了上述三点之外，还应具备一些数据挖掘、数据建模、数据分析等技能，这样一来，开放知识的应用才会相对简单一些，也能大大缩短数据开放人才培养和产出的周期。

（七）数据科学家

数据科学家是掌握数据分析算法原理、善于发挥个体能力和经验，可以创造性地设计数据分析算法，并能够做好底层算法和模型推广的人。数据科学家不是传统意义上的科学发明家，而是从客观存在的杂乱无章、废弃数据、历史数据、复杂冗余数据中发现本已存在，但人类还未掌握和知悉的数据规律和现象，是需要通过反复的数据建模与试算才能探寻出数据本质的科学家。因此说，与前面的几种大数据人才相比，数据科学家具备上述大数据人才所具备的（数据技术、数据管理、数据安全、数据分析、数据政策、数据开放）至少两项以上的能力，并且有着自己独特的综合技能，是典型的"＋"字形大数据人才。

有关数据科学家的理解因不同公司的业务而有所不同，但本质都离不开大数据全生命周期综合能力的高级复合能力。Hilary Manson 是网址缩短服务公司 Bitly 的首席科学家，他认为大数据科学家是能获取、清洗、探究、建模和诠释数据的人。国内互联网公司大数据管理与应用发展较为成熟，他们对数据科学家的理解分为广义派和狭义派。广义派认为以数据为处理对象的从业者都可成为数据科学家，如原来的数据库管理人员、数据架构师、数据库工程师和数据统计分析师；狭义派认为只有那些能够利用数据作为资源，具有数据分析能力，精通各类算法，直接处理数据，创造附加价值的人员才可以成为数据科学家。无论是广义的数据科学家还是狭义的数据科学家，一般来说，都应具备以下四种素质和能力：

第一，作为公民的基本素质；第二，作为科学家的基本素质；第三，作为数据专家的专业技能；第四，能面向不同行业应用大数据的涉众业务能力。数据科学家首先是普通公民，应该具备一般公民遵守伦理道德、政策法规的基本素质，在数据工作中也要具备职业道德、行业自律和尊重公民隐私权、数据权的意识。作为一般科学家，应具备科学家的基本素质，如客观公正、尊重数据本身的客观性、诚实正直地处理数据和获取数据、处理数据和使用数据严谨科学，并具有反复探索数据规律的坚韧毅力和创新创造能力。数据科学家除了公民基本素养和科学家素养外，还必须掌握数据工作的专业技能，尤其是数据挖掘与处理的能力，掌握数学算法、编程语言、数据采集与清洗、数据挖掘与建模分析、数据可视化与结论决策等方面的专业能力。大数据本身没有任何意义，只有将数据应用于各个事务活动，应用于经济社会发展才能凸显它的价值。不同行业的大数据特点及需求不一，数据科学家就应该具备将大数据下沉到行业应用的能力，如掌握金融大数据的能力，或是掌握医疗大数据的能力，或是掌握智慧城市大数据治理的能力。所以，数据科学家应至少具备面向一种行业的大数据应用能力，并且根据大数据行业应用的生命周期流程，甚至还得具备前期市场调研、数据采集与数据处理分析，以及数据结论应用涉及的交流沟通、数据诠释、业务开发、业务管理、业务优化等方面的行业经营管理能力。

从知识储备的角度来分析，数据科学家的知识体系应该是支持大数据分析的IT架构方面（数据工程师或数据架构师所具备的知识和能力）的知识占30%，数据分析与数据管理（数据分析师、数据管理人才、数据安全人才、数据开放人才、数据政策人才）的理论知识占30%，行业业务管理流程经验的知识占40%。不难看出，数据科学家是所有数据人才中"最需要动脑筋的人"，要成为这样的人才，无论是知识储备还是专业技能，都会受到很大的挑战。可以通过前面几种数据人才中直接择优培养的方式缩短数据科学家的培养周期（马海群、蒲攀，2016）。

第二节　大数据人才的知识结构与能力要求

一、专业能力

综合上文大数据人才分类及知识、能力要求的分析，可以简单归纳整理出这几种数据人才划分之间存在的交叉性，相应的交叉关系如表 2 - 1 所示。

表 2 - 1　大数据人才的学位、能力、岗位交叉关系

	职业应用型人才	学术科研型人才
专科高职	数据技术人才、数据管理人才、数据分析人才、数据安全人才	—
本科	数据技术人才、数据管理人才、数据分析人才、数据安全人才、数据政策人才	为继续教育打基础

	职业应用型人才	学术科研型人才
硕士研究生	数据管理人才、数据分析人才、数据安全人才、数据政策人才	数据管理人才、数据分析人才、数据安全人才、数据政策人才、数据科学家
博士研究生	—	数据管理人才、数据分析人才、数据安全人才、数据政策人才、数据科学家

在目前大数据环境下，大数据人才一般应具备专业理论知识、数据分析技能知识和计算机科学技术知识三个方面的专业知识，才可能具备相应的专业能力（见表2-2）（周晓燕、尹亚丽，2017）。

表2-2　基于社会（用人）需求的大数据人才类型及能力要求

人才类型	能力要求	知识结构	面向行业的学科知识
数据管理人才	面向业务的数据管理能力	计算机科学、管理学、经济学	金融/财务类 医药/生物类 电子/通信类 IT/互联网/电商类 公共管理类 交通/物流类 工商/零售 工业/制造类 其他类
数据分析人才	大规模数据挖掘的能力	统计学、计算机科学、人工智能、可视化、网络科学、决策科学	
数据技术人才	驾驭数据处理技术的能力	统计学、信息技术、软件工程	
数据安全人才	数据安全管理的能力	政策科学、计算机科学、社会学、伦理学	
数据政策人才	政策制定的能力	政策科学、公共政策学、公共管理学、社会学、伦理学、新闻传播学、法学、历史哲学、政治学	
数据开放人才	数据开放的引领与权威能力	统计学、信息技术、人工智能、网络科学、政策科学、社会学、经济学	
数据科学家	独特的综合能力	综合上述六类人才的知识体系	

（一）专业理论知识

专业理论知识包括经济管理类、特定学科领域和计算机科学三个方面的基础知识。其中，经济管理学方面的基础知识包括市场营销、企业运作、人力资源、财务管理、流程管理、数据管理、信息资源管理等相关理论知识。特定学科领域的知识主要是面向当前大数据行业发展较为成熟的医疗领域以及金融大数据、农业大数据、工业大数据、电商大数据、政府治理大数据等领域的专业知识，如大数据人才应掌握金融产品基本概念以及临床医学、药学、预防医学、流行病学、生物学等方面的知识背景。

（二）数据分析技能知识

数据分析技能知识主要是应用统计学、数学建模、数据挖掘的专业知识，首先是能够熟练使用 Matlab、SPSS、SAS 和 Excel 等初级统计分析工具，其次是能够使用 Python 语言、多元统计分析、R 语言等数据挖掘分析的中高级技能，最后是能从企业海量的数据中挖掘出对企业更有价值的信息。数据分析的高级技能便是能够针对样本数据特征，进行底层数据算法的优化及研发，建立某类现象及其某类数据的模型进行数据预测，并不断优化模型预测准确率。

（三）计算机技术知识

计算机科学技术知识主要有基于 Lulix、iOS 等计算机操作系统开发软件的能力知识、熟练使用 Hadoop 的 HBase、MongoDB 的 NoSQL、MySQL 为代表的开源数据库，以及免费开源的数据清洗工具 OpenRefine、DataWrangler 和 GoogleRefine 等数据处理技术与工具的专业知识和技能。另外，也应该具备初级的计算机软硬件能力知识，如系统环境的搭建和软件安装并准确调试使用等，要熟练掌握至少一种编程语言，如 JAVA、C 语言、python 语言、.net 开发语言，熟悉 html、xhtml、js、css、flash、flex 等前台语言，熟悉 w3c 标准，了解 ext、jqury 等至少一种 js 框架等。

二、综合素质

任何工作都离不开团队合作和团队环境，大数据从数据采集开始到最终的数据应用，全生命周期过程离不开组织内外各个组织的参与和协调，数据采集涉及硬件物联网的布局与实施、系统底层分布式数据采集与运算、数据库加载与管理、管理信息系统的业务流程应用、网络数据爬虫等，这些工作都需要与外部组织沟通协调解决和团队合作；数据清洗与预处理阶段更是要面向客户了解行业数据特点和业务需求，这都需要团队合作、沟通、表达与交流。在数据挖掘与分析阶段，更需要反复地进行数据建模、数据探索和数据预测验算等工作，更离不开沟通协调能力、团队合作与适应能力、良好的基本职业道德、学习及逻辑分析能力，而在最后的数据可视化和数据报告呈现方面，需要书面写作语言组织能力、口头语言表达能力和沟通能力。

所以，大数据人才除了上述专业知识及能力要求外，还应具备沟通协调能力、团队合作与适应能力、良好的基本职业道德、学习及逻辑分析能力、写作和语言表达能力、管理组织能力六方面的数据素养和综合能力。

三、交叉复合的能力

大数据是否会带来一场技术和工业革命，仍然有待观察。但毋庸置疑的是，大数据的开发与应用确实在改变着当今社会信息流动、能源流动的方式，而这一特征，恰恰契合了历次工业革命的基本特征：通信技术与能源利用技术变革结合，改变了支撑社会进步的核心要素的配置方式，从而带来经济发展方式的根本转型。巨量数据的开发应用给计算机科学、统计学、计算数学等基础学科带来巨大挑战，大数据的存取、交换、分析、应用无一不涉及基础理论和应用技术的创新，从硬件到软件、从存储到超算、从数据库到数据安全、从网络传输到并行计算、从数据分析到统计建模、从科学计算到优化方法等。而大数据的发展还具备一个鲜明特征：与各个学科领域的深度融合。大数据在商业、金融、医疗、能源、传媒等各个领域都有着越来越广泛的应用，甚至开始颠覆这些学科在原有统计样本支撑下形成的理论体系和应用架构。"数据科学"不再仅仅是数学家或者统计学家的专属领域，而成为站在计算机科学、统计学、应用数学等学科巨人肩膀上，与经济学、金融学、医学、生物学、新闻学、社会学等多学科高度交叉的21世纪的"创新型科学"。数据科学是一个新的学科，具有高度的学科交叉特性，同时又高度面向产业应用。数据科学植根于数学、统计学、计算机科学等学科，但是在研究对象、方法论、学科体系等方面又与这些学科有显著不同。

数据科学的内涵包含了两个层次，第一个层次是以多源异构、规模巨大、传输高速、应用广泛的大数据为研究对象，解决大数据在获取、加工、挖掘、可视化与应用领域的理论与实践问题。第二个层次则是以大数据为研究手段的数据交叉学科，如生物医学、精准营销、舆情分析、智能电网、智慧城市等领域，大数据分析技术为这些学科提供了新的研究范式，也在解决这些学科计算复杂性问题的过程中获得进一步的发展。由此可见，数据科学的内涵已经超出了传统学科的范畴，交叉学科的融合发展是显著特征，这导致大数据人才培养不同于主流的大学人才培养，需要新的人才培养理念、方式和标准。

2012年10月，美国哈佛商业评论对"数据科学"的价值进行了阐释：数据科学家是可以从看似杂乱、无规则的数据中提炼财富的职业，这类人才既要具备全面的数据分析能力，还要具备敏锐的市场嗅觉，能够以价值创造为目标，对数据进行各种形式的分析，对看似无关的数据进行关联、解构。与很多传统学科的发展不同，发展大数据科学与技术、培养大数据人才的强烈需求是来源于市场。由于与互联网、物联网、社交媒体深度融合的企业积累了大量数据资源，这些数据资源已经成为企业创造财富的新动能，因此对于能够实现这一过程的人才就提出了强烈需求。因此，大数据人才培养的主基调是鲜明而富有活力的，只有具备将科学逻辑与应用价值有机结合的全新知识体系，大数据人才才能够在各个行业的大数据浪潮中成为应对自如的弄潮儿。

四、特殊技能

工作经验、计算机技术、与企业关联度高的学科背景等也是大数据人才应具备的特殊技能。

大数据领域的实践性很强，由于大数据技术要下沉到各行各业中，因而交叉复合的综合性人才极为珍贵。但在现有的高等教育培养中，各个学科专业分别归设在不同学院或系部，导致高等教育阶段难以培养人才的交叉复合能力。因此，具有实践经验的人才在大数据行业炙手可热，具有与企业行业相关的学科专业背景的同时还具备计算机技术是难能可贵的人才。大数据采集、处理、存储与挖掘，涉及企业商业机密和用户隐私，数据开放也同样属于公共政策领域，因而大数据产业的合规、合法、合理发展需要职业道德、思想政治素养高的中国共产党党员。

综上所述，在大数据时代，大数据人才是多学科交叉融合的复合型人才培养。大数据人才仅仅掌握一种专业知识是远远不够的，只有具备多学科交叉融合，培养具备扎实的多学科专业知识、丰富的实践经验和较高的综合素质的优质人才，才能满足大数据产业健康发展的需求。

第三章
应用型大数据人才培养思路与框架

第一节　应用型人才培养的战略背景

一、高等教育人才培养的分类

高等教育人才培养可以分为三个层次，以满足国家建设与社会发展的不同层次人才需求。党和国家明确要求高等教育要"造就数以亿计的高素质劳动者、数以千万计的专门人才和一大批拔尖创新人才"。这就构建出高等教育"金字塔"式的人才培养梯度（张德江，2011）。位于金字塔底部的人才培养就是"数以亿计的高素质劳动者"，主要由高职、中职、大学专科院校来培养；位于"金字塔"中间部位的是"数以千万计的专门人才"，主要由本科层次的各类高校培养；位于"金字塔"顶层的"一大批拔尖创新人才"培养任务则落到985、211、双一流高校或双一流学科的重点研究型院校，一般是国家部委所属的研究型大学、省属研究型大学和其他科研院所（张德江，2011）。

高等教育培养的人才从功能性角度分析，还可以分为学术型人才和应用型人才两大类。学术型人才是研究客观规律、发现科学原理的人才，从一般研究人员到中科院院士都属于这类人才。应用型人才是应用客观规律和科学原理为社会直接创造财富、谋取利益的人才，从一般技术员、工程师到工程院院士都属于这类人才。应用型人才侧重知识应用与技术创新，与工程实际和社会实际问题"短兵相接"，从而能够在社会生产、管理、服务的第一线解决实际问题，是我国人才队伍中的骨干力量。随着经济社会的发展和我国高等教育大众化的深入，应用型人才需求增加，相应地培养规模在增加，培养阵营在扩大。

应用型人才按照解决问题的能力高低也有层级之分：基础层次技能应用型人才主要由中职、高职、高专、带专科的本科院校来培养；中级层次知识应用型人才主要由应用型本科院校和研究型本科院校的应用型专业培养；高级层次创造应用型人才，主要由国家及部分地方重点大学、科研院所来培养（陈刚、宋义林、高树枚、王冠然，2014）。从应用型人才掌握的专业技能角度来说，应用型人才还可分为：工程型人才，如工程师、建筑师、经济师、会计师等，其主要任务是将科学原理转化成可以直接运用于社会实践的工程设计、工作规划、运行决策等；技术型人才，如技师、技术员等，其主要任务是在生产第一线或工作现场从事生产、建设、服务等实践活动的组织管理和技术工作；技能型人才，如技工、商贸服务员等，其主要任务是在生产第一线或工作现场通过实际操作将工程型人才设计出来的图纸、规划、方案等物化为具体产品或成果等（张德江，2011）。

二、应用型人才培养的问题

（一）定位失衡

"金字塔"式的人才培养结构与社会对人才的需求结构相适应，各层次的人才培养只是类型之分，没有优劣及高低之分。高等教育系统对这样的培养任务要有明确的分工，各类高校要有自己合适的角色与正确的定位。但在实际发展中，很多高校存在"攀高情结"。很多高校都把"专升本""本申硕""硕申博"作为最重要的发展目标，以此作为获取教育资源的重要渠道。在"攀高情结"下，很多高校没有将应用型本科人才培养放在首位，导致塔形结构重心上移、状态失稳、结构变形，与社会实际的人才需求结构错位，人才市场上的供求矛盾越发明显。

（二）培养模式的各个方面均存在不同程度的问题

多年来，在应用型人才培养模式方面，不同院校都存在不同程度的各种问题。

1. 培养目标不明确

各个高校人才培养定位的失衡，"攀高情结"导致应用型人才培养目标不够准确，有些一般院校乃至有的新建本科院校人才培养方案与研究型大学的培养方案看不出多少差别，进而导致应用型人才应具备的知识、能力、素养方面，知识体系结构和培养规格要求不够明确，课程体系构建不到位。

2. 教学内容脱节于社会需求

授课内容以理论为主还不算大问题，真正的大问题是大数据产业日新月异，企业对人才应具备的视野、素养和能力也是与时俱进的，但是高校在大数据人才培养时，很多的理论教学内容严重脱节于社会真实需求，滞后于大数据产业发展。

在"攀高情结"下，人才培养目标倾向于研究型人才培养，课程体系自然不适合应用型人才培养，进而课程内容也跟着偏向于研究型人才培养。理论知识的培养所占学时较多，导致应用型知识、实践课程、第二课堂、校外协同育人等实践知识的培养空间不足。研究型大学的人才培养课程体系和课程内容并不是说不好，而是不适合一般应用型人才培养的大学，过深过窄的理论分析需要优质的教师团队，更需要优质的学生生源，而大多数应用本科院校并不具备这两方面的优势，因而纯学术型理论教学并不适合应用型人才培养。

3. 教学方式以传统单向"教"为主，缺乏解决实际问题的引导

尽管翻转课堂、基于 OBE 的教学理念已经倡导和实践了多年，但实施效果并不好，不同院校的效果参差不齐。教学方式仍然比较传统，单向的"教"给学生，老师在课堂上不停地讲，而学生并没有很好地"学"，教学中的老师"教"与学生"学"彼此独立，没有形成良好的教学互动，更没有根据项目任务，或者实际问题来引导学生思考、解决问题的这种能力培养。这也是为什么大学生普遍反映课堂上学的东西基本没用，毕业后到了岗位上还得重新学习的原因。

4. "教""学"关系偏"教"，学生较被动

以传统单向"教"为主的教学模式，必然导致"教""学"关系偏老师的"教"，学生的"学"较被动。教师在教学环节中的权威性、中心化、专家性都让"教"处于主宰地位，学生的主动学习、批判思维、实践能力锻炼等需求都会挑战老师的主宰地位，如第二课堂的实践能力指导就需要老师付出正常教学工作之外的额外精力、批判思维则会挑战老师的权威性、学生主动学习多学科知识可能会被老师批评为"为什么不好好学习我的课程"……学生也了解这些情况，为了自己能顺利毕业，学习比较被动和"随大溜"，听课跟着教师走，看书跟着教材走，考试跟着复习范围走，学习缺乏积极性和创造性，个性化人才和应用型人才培养自然不足。

5. 考核方式单一，缺乏综合能力的考核

"教"的偏重和"攀高情结"知识人才的考核方式都以理论知识考核为主，主要是传统的试卷考试。但大数据人才具有多学科交叉应用的综合能力培养要求，考核方式仅靠理论层次试卷考试显然不合适。

与此同时，能体现大数据综合能力的数据分析、行业应用、工程实践也很难考核。目前，高校大数据人才培养方面对数据分析、行业应用、工程实践的综合考核还没有形成较为完善的考核体系、指标体系和反馈机制。

在这种现状下，教师和学生都缺乏主动创新创造的动力，考核仍以"死背知识点"为主，不重视或者难以实现解决问题的实践能力培养和考核。因此，学生自然在高校学习阶段，实践应用能力没有得到锻炼，进入社会后就出现了"眼高手低"的问题，与企业需求严重脱节。

6. 实践培养不足

应用型人才培养需要实践体系的配套发展。很多高校本着成本节约的原则，限制了实验体系的建设，实践培养不足。除校内实践体系外，校外实践基地的建设也不够，这主要是因为资源整合矛盾、师资互通难度大、学生安全管理隐患多等问题制约了校外实践基地的建设和实际运营。另外，进入企业相应岗位的顶岗实习、学生毕业实习、参观访问等实践培养，又受到组织规模、学生安全管理、

接收岗位有限等问题制约。因此，综合来看，学生接近企业实际的项目实践、工程实践严重不足，学生毕业后出现"纸上谈兵"的空架子现象。

7. 培养渠道单一，协同育人模式不深入

正如上文所述，受企业导师工作任务繁重、学生安全管理、企业接收岗位有限等问题制约，校企合作、协同育人模式的实施并不深入。一些高校签完校企合作协议后，合作仅停留在签个合同，后续无实际行动；一些高校校企合作停留在招聘毕业生这些单一合作内容上，而企业参与人才培养方案重构课程体系、企业师资进入课堂培养学生、企业与高校形成师资互通的师资建设机制、合作科研和技术成果转化等产教融合发展并不深入，效果也不显著。

三、应用型人才培养的战略发展

应用型人才的培养以多科性或单科性的大学或学院培养为主。在我国高等教育体系中，有 600 多所高等院校都是面向地方、服务当地经济社会发展的地方本科院校。这些地方本科院校既有历史悠久的"老校"，师资力量和教育资源积累雄厚，也有"十五"期间鼓励民间力量办学的"新"独立学校、民办高校、"专升本"的新本科院校，其师资力量和教育资源相对薄弱，学科特色优势不突出。

基于高等教育人才培养的分类及定位要求，在"金字塔"式人才分层培养定位下，针对当前应用型人才培养现存问题，教育部从战略高度给予人才培养的指导，通过应用科技大学改革试点战略研究项目推进高等教育中应用型人才的培养。

（一）应用科技大学改革试点战略研究项目的启动

应用科技大学改革试点战略研究项目是教育部为加快发展现代职业教育，建设现代职业教育体系于 2012 年 12 月部署的重点项目。该项目将通过对欧洲应用科技大学产生发展的社会背景研究、对促进本国经济转型发展和国家竞争力提升的贡献研究，以及欧洲应用科技大学在本国教育体系中的功能目标定位、办学体制和人才培养模式等的研究，旨在探索构建我国应用型高等教育体系，促进地方本科高校转型发展，大力培养应用技术型、技能型人才。因此，应用科技大学的办学理念是大力培养应用技术型、技能型人才，使教育更好地服务于企业发展和促进我国经济转型。根据教育部发展规划司《关于请推荐有关院校参加应用科技大学改革试点战略研究的通知》的要求，参与高校必须符合"办学定位明确、特色明显，技术技能培养能力在本省（自治区、直辖市）居领先地位，学校重点学科和骨干专业对区域经济和社会发展特别是产业转型升级有重大支撑作用，学校领导班子有改革创新意识"的标准（刘贵容、林毅，2015）。

2013年2月28日，教育部规划司组织的"应用科技大学改革试点战略研究工作部署会"在北京国家教育行政学院召开。会上，陈锋副司长首先分析了我国教育现代化与应用科技大学改革试点战略的重要关系，指出此次战略研究对于推进我国高等教育结构调整和分类指导有重要作用；其次提出"一个中心、三个立足点"的发展思路。一个中心就是地方高校转型，三个立足点分别是要形成一套有利于地方高校转型发展的政策体系和制度体系、加大各级财政力度支持地方高校转型（这一点是一个中心、三个立足点的关键）、建立起中欧应用科技大学的合作框架，形成一对一合作关系。

（二）应用科技大学的发展要点

应用科技大学不同于研究型大学的关键区别在人才培养定位上，应用科技型大数据侧重培养应用技术型人才而非学术研究型人才。应用科技大学应立足本地和学校实际，服务地方经济发展，以培养学生职业发展为核心，提高人才的社会锲合度。因而，以应用型人才培养为重点的应用科技大学的发展要点是：

1. 人才培养目标以应用型人才培养为主

以服务地方经济社会发展为宗旨，培养的人才要能直接上岗使用，能够满足企业生产经营第一线的发展需要，这就要求应用科技型大学培养的人才社会适应能力强，解决问题的综合素养高，业务能力强。

人才培养目标以应用型人才培养为主不是一句空话，而是要落实在人才培养目标定位、人才类型定位、人才培养层次定位、人才培养专业学科定位、人才培养服务面向的行业定位五个方面。具体而言，就人才培养目标定位来说，应该以应用型人才培养为主，以发展为应用科技型大学为目标，不要"攀高情结"发展为学术研究型大学，相应的课程体系偏向实践应用、教育资源侧重投向实验体系建设和实践基地发展、师资队伍以具备企业从业经验的"双师型"队伍建设为主、培养模式以产教融合协同育人模式为核心。

2. 立足地方经济发展确立学校的特色学科专业

由于地方应用科技大学本就立足于服务地方经济发展，所以在确立人才培养目标时，应该结合本地经济发展，确立学科特色，加大力度发展适应地方高新技术产业和新兴的第三产业的专业学科，以具有地方特色的优势专业带动其他专业的发展。面向行业产业设置学科专业时不仅要服务本地经济发展，同时更应该权衡学校各学科之间的专业群优势和专业特色。例如，重庆市之前是以汽摩产业、军工产业为主的重工业城市，各高校人才培养的学科特色以机械制造、工业设计为主，而当前重庆市立足大数据智能化产业发展，综合互联网、智慧城市、人文艺术旅游、金融高地、教育高地等新产业布局，各个高校的人才培养学科定位也跟着调整，以制造、计算机专业为主的高校转型智能制造、人工智能、大数据、云计算、机器学习等学科专业的发展。而很多高校尤其是民办高校，工科专业优势不显著，在重庆市大数据智能化产业布局下，要结合学校实际，从经济管理角度入手，以应用统计学、大数据管理与应用、商务经济、数字经济、互联网金融等新兴学科为新起点定位新的学科特色，以期培养的应用型人才能够服务重庆市"智能重镇""智慧名城"的发展。

3. 构建凸显实践能力培养的立体教学体系

前文探讨过，偏"教"和偏"理论"的单向灌输式教学方式已不适应当前社会对应用型人才的使用需求，偏重学生实践能力和综合能力考核的立体教学体系的构建显得越来越重要。

凸显学生实践能力和综合能力发展的立体教学体系既包括基础理论知识的课内（或校内）培养，也包括以学科竞赛为平台的课赛结合培养，还包括校外企业、地方政府、其他科研院所参与的协同培养，以及以任务驱动的"第二课堂"个性培养。在立体教学体系的构建中，"双师型"师资队伍的建设是人才短板，很多大学老师都是从学校毕业后就进入教学工作的，并未在企业实践锻炼过，缺乏实践经验，自然不能培养学生的实践能力。很多高校针对这一现象和问题，鼓励教师积极走向企业一线，通过挂职锻炼和寒暑假顶岗实习来弥补老师实践"短板"。但由于企业岗位有限，资金投入权责不清，老师也不愿意占用假期时间等实际因素，"双师型"教师队伍的发展并不理想；而深耕企业一线，具有丰富的实践经验的工程师、企业导师、技术专家又难以有空闲时间到学校指导学生，或者高校给予的薪酬待遇远低于企业就业的薪酬待遇，并且很多高校难以接受"高薪引进成本"，导致"双师型"队伍师资的引进成为顽疾。

通过产学研合作强化立体教学体系的建设也难以落到实处。学校以教育发展和人才培养为宗旨，企业以盈利为宗旨，这本身就在合作宗旨上存在很大的分歧，加之合作中的成本分摊、利益分成、权责利的界定、知识产权归属、师生安全管理隐患等方面也存在分歧，因此，通过产学研强化应用型人才的实践体系建设效果并不显著。

四、应用型人才培养的研究现状

发达国家发展经济的成功经验之一是由教育部门向社会源源不断地输送高等应用型人才。换言之，具有强大综合国力的国家无不以其雄厚的高等教育为依托，其中应用型人才的培养起着不可替代的重要作用。同时，多数发达国家的高校由于受杜威实用主义的影响，从一开始就重视理论联系实际，收到了较好的办学效果，形成了一整套应用型人才培养理论体系。

我国对应用型人才培养模式的研究就是从介绍和引入国外应用型人才培养经验开始的，而对国内高校培养应用型人才的课题研究开展得较晚。从 20 世纪 90 年代才开始关注人才培养的实践性和多样化问题，一般认为是从我国开展高等职业技术教育后才真正对此进行较深入的研究。随着我国高等教育大众化阶段的到来，应用型人才的培养逐渐延伸到本科层次，形成了比较完整的本科应用型人才培养体系。为加强我国高等教育应用型人才培养研究工作，2002 年，全国高等学校教学研究中心在承担全国教育科学"十五"国家规划课题"新时期中国高等教育人才培养体系的创新与实践"研究工作的基础上，作为其子课题组织了全国部分高校参加的国家级课题立项"新时期中国高等学校应用型人才培养体系的创新与实践"系列科研课题。目前，这一课题研究工作已经结项。2007 年，全国高等学校教学研究中心又承担全国教育科学"十一五"国家规划课题"我国高校应用型人才培养模式研究"，目前也已经结项，取得相当丰硕的成果。

在现有研究文献中，本科应用型人才培养的研究重点主要集中在以下几个方面：

（一）对国外应用型人才培养先进经验归纳和介绍

胡卫中和石瑛阐述了澳大利亚高等教育应用型人才的培养体系及培养模式，提出了以下四点借鉴意见：一是调整教与学的关系，二是培养学生应用理论的能力，三是明确大学的应用性定位，四是精简教学内容。梁宏等主要介绍了美国培养本科生人才的四点方法：实行个别化教学、实行科研式培养、实行开放式教学、实行多元化培养。唐新华和陈德静从人文视角对国内外培养工程应用型人才的教育基础、课程体系、师资力量、人文环境四个方面作了较为详细的比较，为我们培养应用型人才提供了很好的借鉴。马敬卫则用比较的方法分析了美国、新加坡、中国香港的大学在课程设置上的异同，以及与国内高校课程设置方面的差异，为国内应用型人才培养课程设置提供了借鉴。

（二）从对应用型人才的理解出发，阐释应用型人才的特征、分类、含义、能力结构和培养意义

研究者一般从应用型人才与学术型（或基础型）、技能型人才的主要区别入手界定应用型人才的内涵，认为应用型人才注重在生产或工作实践中具体应用专业理论知识解决实际问题的能力，学术型（或基础型）人才则注重在学术研究中广泛运用专业理论知识进行理论、知识、方法创新的能力。与高等职业教育以培养学生的职业岗位技能型人才相比，应用型人才强调理论、知识、方法、能力的协调发展，比高等职业教育培养的技能型人才有更"宽"、更"专"、更"交"的知识结构，更强的自主学习能力和岗位适应性，不仅具有胜任某种职业岗位的技能，而且具有知识、技术创新和知识、技术二次开发的能力，具有更高的适应多种岗位的综合素质。华中农业大学王玉萍在其硕士论文中指出："高校人才从宏观上可划分为学术型和应用型两大类。一类是发现和研究客观规律的人才，称为学术型人才；另一类是应用客观规律为社会谋取直接利益（社会效益）的人才，称为应用型人才。"潘晨光和何强给出了这样的定义："把从事揭示事物发展客观规律的科学研究人员称为研究型人才，而把科学原理应用到社会实践并转化为产品的工作人员称为应用型人才。"车承军和苏群认为："应用型人才可以界定为分布在各个产业领域里从事生产、管理、服务的，具有较高知识层次和较强实践（动手、操作）能力的脑体兼容的劳动者。"基于此，有研究者总结出应用型人才有五个方面的特征：应用、实践性的能力特征；与素质能力相关的一专

多能的特征；不断创新的创造性特征；可持续发展观念和能力的特征；具有团队合作精神和健全的心理品质特征。

因此，我们认为所谓应用型人才是指能将专业知识和技能应用于所从事的专业社会实践的一种专门人才类型，是熟练掌握社会生产或社会活动一线的基础知识和基本技能，主要从事一线生产的技术或专业人才。本科应用型人才培养是本科层次教育，它更加注重基础性、实践性、应用性和技术性。

（三）对"人才培养模式"概念的讨论和厘定"人才培养模式"这一词组，是我国高等教育教学改革的产物

人才培养模式产生于20世纪80年代后期，发育与发展于90年代中期。1996年3月，"改革人才培养模式"作为教育教学改革的重要内容载入我国国民经济和社会发展纲要，从而把人才培养模式改革推向教学改革的中心，"人才培养模式"这一词组第一次出现在国家重要的法规性文件中，并由此开始成为我国高等教育教学改革的重中之重。高等教育理论工作者、高等教育实际工作者从不同角度对"人才培养模式"提出了各种各样的表述。陈祖福认为"所谓人才培养模式是指为受教育者构建什么样的知识、能力、素质结构，以及怎样实现这种结构的方式"。高教司副司长林蕙青对陈祖福关于"人才培养模式"的表述做了一些补充："人才培养模式是学校为学生构建的知识、能力、素质结构，以及实现这种结构的方式，它从根本上规定了人才特征并集中地体现了教育思想和教育观念。"1998年3月，教育部副部长周远清在武汉召开的第一次全国普通高等学校教学工作会议上所做的主题报告，从另一个角度对"人才培养模式"做了如下表述："所谓人才培养模式，实际上是人才的培养目标、培养规格和基本培养方式，它决定着高等学校所培养人才的根本特征，集中体现了高等教育的教育思想和教育观念。"至此，高教界人士对人才培养模式才有了一个基本的认识。

2001年，我国加入世界贸易组织，标志着我国完全、正式地融入经济全球化之中，人才在社会的发展当中成为决定胜负的关键因素，在此条件下，又对人才培养提出了新的要求。教育部在2005年印发的《关于进一步加强高等学校本科教学工作的若干意见》中明确指出："深化教学改革"的主要任务之一是"优化人才培养过程"。高校"要以社会需求为导向，走多样化人才培养之路"，通过人才培养模式的改革"办出特色，办出水平"。2006年，教育部部长周济在

《求是》杂志上撰文指出，"中国目前的人才培养模式改革需进一步深化"。2007年，为贯彻落实党中央、国务院关于高等教育要全面贯彻科学发展观，切实把重点放在提高质量上的战略部署，教育部出台了《教育部财政部关于实施高等学校本科教学质量与教学改革工程的意见》（教高〔2007〕1号）、《关于进一步深化本科教学改革全面提高教学质量的若干意见》（教高〔2007〕2号）两个文件，就在高等教育发展的新形势下如何深化教学改革构建符合时代要求的人才培养模式等工作作出部署，对高校的人才培养模式改革提出了新的目标和要求，高校的人才培养模式改革与探索进入了一个新的发展阶段。

综上所述，人才培养模式就是在一定的教育思想和教育理论指导下，为实现一定的培养目标，在培养过程中所采取的某种培养学生掌握系统的知识、能力、素质的结构框架和运行组织方式，包括人才培养目标、教学制度、课程结构和课程内容、教学方法和教学组织形式、校园文化等要素。人才培养模式是人才培养目标、培养规格和基本培养方式的统一体，培养目标是确定培养规格和选择基本培养方式的出发点和归宿，培养规格是培养目标的具体形式，基本培养方式则是达成培养目标和培养规格的具体途径。人才培养模式决定着高等学校所培养人才的根本特征，集中体现了高等教育的教育思想和教育观念。但是，人才培养没有统一的模式，不同的大学，其人才培养模式具有不同的特点和运行方式。

（四）我国本科应用型人才培养模式探究

对我国本科应用型人才培养模式构建的实践研究，一是着眼于应用型本科院校的发展，探讨学校定位和人才培养目标。贺金玉提出，新建本科院校应本着"以人为本，因材施教"和"多向选择，分流培养"的原则，培养专业基础扎实、实践能力突出的应用型人才。陈正元认为，应用型本科院校的发展目标应以"多科性、应用型和开放式"为主。二是综合众多高校人才培养的实践，从战略高度审视高等学校应用型人才培养中存在的问题，把握应用型人才建设的关键环节，对本科层次应用型人才培养方案的制定提出相应对策建议。三是切入应用型人才培养中的课程建设问题，阐述应用型人才结构布局、发展规律、资源配置和人才体系评价等。范巍提出了"厚基础、宽口径、重应用、多方向"的课程设计思路。张日新提出了"两段式，两平台，多方向"本科应用型人才培养模式，把培养过程分为"学科基础培养"和"专业方向培养"两个阶段，设置"公共课程"和"学科课程"两个平台，并在此基础上开设多个方向的专业培养课程。汪禄应提出了以"市场需求"为准则、以"能力本位"为取向、以"课程开发"为根本措施的应用型本科院校课程体系建设策略。聂邦军和王芙蓉探讨了以与社会合作开办"强化班"的模式加强应用型人才培养的做法。

（五）研究综述

综观近几十年的人才培养问题研究，可以说我国高等教育无论是在人才培养的认识方面还是在实践方面都取得了可喜的成绩，应该说是一种巨大的进步。然而，由于当代中国社会本身尚处于一个由精英教育向大众教育转化的过程，人才培养问题面临的众多矛盾也凸显出来，这不仅给我们提供了新的研究视角，也对我们的研究提出新的挑战。从目前的研究来看，从高校培养应用型人才的模式、途径、能力定位及高校分类等方面进行的研究较多，取得的成果相对来说也较丰富。但还存在以下不足：从理论层面来看，国内高校在培养本科应用型人才方面缺乏具体的理论指导，相关的研究也仅仅是从课程改革及产学研结合等途径来探讨人才培养的具体模式。本科应用型人才是社会人才结构中特殊而又十分重要的类型，在人才定位、培养目标、教学过程及条件、办学特色等方面都有特殊要求。然而，现实中不少高等院校，对什么是本科应用型人才、如何培养本科应用型人才的举措等基本问题模糊不清。对于不同层次的学校来说，本科应用型人才的内涵是不同的。但是众多的研究并没有分清其含义而统称为本科应用型人才，这不可避免地引起了人们对应用型人才的误解，从而在具体实践操作方面出现偏差。

从实践层面来看，国内现有文献总结了我国高校本科应用型人才的培养经验，尤其值得一提的是产学研途径，但是对于实践基地的建设及实践效果的检验涉及较少。现有研究的方法比较单一，实证研究较少，缺乏开放的、整体性的把握。在现有文献中，对如何借鉴国外培养本科应用型人才的经验和应用相关领域的研究成果还不充足，在很大程度上仍然局限于大众化人才要求来组织和实施人才培养（张士献、李永平，2010）。

第二节　应用型大数据人才培养的战略意义

在我国面临经济专业发展、产业结构升级、科技驱动创新发展的大背景下，我国高等教育人才培养也面临重大转型。2010 年 7 月，《国家中长期教育改革和发展规划纲要（2010—2020 年）》正式发布，这是国家层面首次将应用型人才培养以文件发布的方式部署高等教育人才培养工作。该文件明确指出："不断优化高等教育结构，优化学科专业、类型、层次结构，促进多学科交叉和融合。重点扩大应用型、复合型、技能型人才培养规模。"

应用型人才的核心是"用"，本质是学以致用，"用"的基础是掌握知识与能力，"用"的对象是社会实践，"用"的目的是满足社会需求，推动社会进步。

大数据产业还在初级发展阶段，需要大量能"用"的人才。首先，能"用"的人才能解决目前数据采集的问题，市场调查、爬虫网页数据、基于物联网的智能设备业务流程数据的采集、基于条码技术、无线射频技术的数据感知和采集等都需要大量掌握新的市场调研工具、爬虫工具与技能、嵌入式芯片设计、底层大数据运行环境平台搭建、分布式数据采集与运算的数据库管理与运行的专业人才。其次，数据加工、数据预处理、数据清洗环节也需要大量能"用"的人才，掌握基础的 ETL 能力、SPSS、Matlab、Excel 工具是必备的大数据应用型人才标配。再次，数据挖掘分析环节也需要大量能"用"的人才，要求能够熟练掌握一门语言，如 Python、R 语言等，能够进行常规数据样本的判断并选择与之相适应的数据分析库进行数据统计分析，并具备初步的数据结论判断的能力。只有在对数据分析结论科学判断的前提下才能保障数据分析的科学性，这就需要大量的行业数据样本分析经验，如果数据分析结论论证后出现与实际情况的较大偏差，则要返回到数据加工处理阶段重新对数据结构、数据属性进行处理，并根据初步统计分析选择更加合适的数据统计模型，再运算数据和再次判断统计结论是否科学，如此反复探索数据。所以说，除了数据预处理阶段花费时间长外，数据反复建模和试算是整个大数据全生命周期中最浪费时间、硬件预算能力投入最昂贵的一个环节。因而优质的大数据统计分析人才能直接上手"用"起来，将会给企业节约大量"跑"数据的硬件成本、时间成本和人力成本。最后，在数据结论可视化和使用环节，也需要能"用"起来的专业人才。他们需要掌握基本的语言组织能力、文本撰写能力、PPT 书写能力、报告阐述能力、结论诠释能力，甚至辅助决策的能力。

综上分析，在大数据全生命周期的数据流程里，各个环节都需要大量的应用型人才。只有这样，才能促进大数据产业高效、高质、低成本、持续地健康发展，这是大数据应用型人才培养对于国家及其各地方政府大数据产业布局的重要战略意义。

第三节 应用型大数据人才培养框架及内容

结合应用型人才的定义和大数据人才的定义，本书对应用型大数据人才的理解是：从层次上来说定位于本科层次人才培养；从知识体系偏重上来说以应用型知识和技能为主；从专业技能的类别和掌握程度上来说，是熟练掌握数据采集、数据处理、数据存储、数据分析、数据应用的大数据技能，掌握大数据分析应具备的大规模并行处理技术（如 Hadoop、Spark、MapReduce、Mahout 等工具），尤其是根据其所在领域参与商业大数据项目（应用案例）的分析处理的基础知识和基本技能，主要从事大数据采集、加工、存储、分析全周期业务工作。

一、培养框架

由高等教育人才培养教学科学和要求可知，应用型大数据人才的培养框架如下：

除数据科学与大数据技术、大数据管理与应用两个新兴专业能培养大数据人才外，目前类似应用统计学、应用数学、情报学、计算机科学、软件工程、人工智能等相近专业的人才与大数据人才既有交叉性也有差异性，这些相近专业培养大数据人才的首要路径是厘清社会对大数据人才需求的界定、类型、特点及岗位职责要求，再总结分析与相近专业人才的区别，才能有针对性地培养社会所需的大数据人才；其次在相近专业原有专业优势基础上进行专业培养方向调整，将大数据人才培养作为新的人才培养模块之一；再次围绕着大数据人才培养模块，进行课程体系、师资力量、培养模式的调整；最后结合最新的人才培养目标进行招生与就业方面的调整，最终形成"招生—在校培养—就业"为一体的良性循环路径，如图 3 – 1 所示。

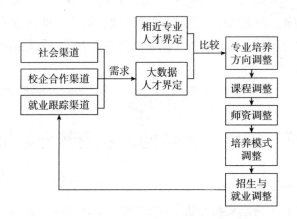

图 3 – 1　大数据人才培养的路径分析

二、培养路径与内容

（一）大数据人才界定

大数据人才与上述相近专业的数据人才是否一致，直接影响到后续的专业方向、课程设置、师资力量和培养方式是否需要调整的问题。所以，界定大数据人才，找出大数据人才与相近专业人才的区别所在，是所有工作的基础和源头。在掌握社会对大数据人才的需求方面，具体的路径有：通过校企合作、实地调研等方式直接掌握企业需求；通过社会渠道、政府渠道间接掌握企业需求；通过已毕业学生的就业跟踪来实时掌握企业需求。在获得社会对大数据人才的需求后，界定大数据人才的类型与层次，然后与相近专业人才进行比较，找出两者的差别，再具体分析哪些大数据人才是相近专业可以培养的，哪类人才是目前不能转型培养的，以便开展后续的培养工作。

（二）确定专业培养方向，构建科学的课程体系，配备优质师资

经过上一阶段基于社会需求的大数据人才与传统相近专业或新兴专业人才对比分析后，确定专业人才培养方向或传统相近专业调整人才培养方向，构建课程体系。例如，信息管理与信息系统专业为相近专业，可在适当调整信息管理与信息系统专业的人才培养方向后，设置新的人才培养方向，并配置相应的能力知识模块课程。尤其是大数据人才培养模块，要开设适合大数据时代要求的新兴课程，在数据结构、数据库系统原理等基础课中增加非结构化数据组织、分布式文件存储、分布式数据库系统、NoSQL、分布式密集数据处理等方面的课程。在数据分析及应用方面，新增数据分析及统计应用、大数据与市场营销、大数据技术及应用、互联网数据分析与应用等新兴课程，并在这些课程中加强数据清洗、数据准备、数据深度分析等教学内容。

根据新的课程体系，配置师资力量。在师资力量的建设方面，具体的路径和措施是高薪引进大数据高级人才和原师资队伍集体转型为主、已就业学生返校参与为辅。相近专业师资队伍向大数据人才所需的师资队伍转型的具体方法是：通过鼓励教师自学、参加社会大数据技能培训、校企顶岗实习、校企导师"一对一"培训、报考大数据博士研究生等方式，形成新的大数据师资人才梯队。从事大数据工作的已毕业学生可以成为大数据人才培养师资队伍中的有力补充。通过与已毕业的且从事大数据相关工作的学生进行就业跟踪和互动交流，可以实时提供企业大数据人才需求信息，实时分享大数据最新发展动态，甚至邀请他们返校为师弟师妹们分享大数据从业经验与要求，开设培训课程。

（三）优化培养模式

在培养模式方面，应对大数据应用实践性特点，采取"理论＋实践"相结合的培养模式，且偏向实践方面，同时更加注重大数据实验平台的构建和应用。大数据实训平台涉及大数据分布式收集、存储、处理与分析、应用的全过程，因而大数据平台的构建非常难。数据来源如何解决？大型分布式数据收集与存储的硬件设备与场所如何解决？大数据处理与分析的相关技术与算法如何获得？指导老师如何构建大数据分析场景与目的，进而才能进行有效的数据分析与应用？目前，大数据实践培养模式是高校大数据人才培养的痛点与难点，没有很好的实际可执行的具体举措。对于有校企合作、校政合作的高校而言，实践培养模式相对

容易落实，如贵阳大数据产业发展战略、上海数据研究中心、清华大学数据研究中心都可以为大数据人才培养提供较好的数据源、数据平台和数据分析技术与应用场景。

（四）夯实招生与就业工作

根据大数据人才要求与特性，调整招生与就业策略。大数据人才属于高级复合型人才，要求学习者有敏锐的观察力与动手能力，还要求学习者有宽广的知识结构形成多学科的融合与交叉，所以不强求所有专业学生转型学习大数据。另外，学习者是否有兴趣从事大数据相关工作至关重要，没有兴趣将无法持续深入地学习并掌握枯燥、高深、单一的大数据技术和思想，则无法实现大数据高级人才的培养目标。

在就业方面，应该多引进大数据公司来校招聘。对进入大数据行业的已毕业学生采取跟踪联系的方式，实时掌握大数据行业发展现状与用人需求。甚至可以邀请在大数据行业发展较好的往届生回校分享与培训，成为校师资力量的有力补充。

在大数据背景下，相近专业与时俱进，转型培养大数据人才可以缓解当前发展受阻的问题。尽管有些相近专业比较贴近大数据的专业，但是，基于小数据时代背景下发展起来的人才培养与大数据时代下的数据分析人才有着本质区别，相近专业应通过科学的专业方向调整、课程改革、师资重组、调整培养模式等方面的研究与实践，培养出社会所需的大数据人才（刘贵容、王永周、秦春蓉，2018）。

实　践　篇

基于应用型大数据人才培养的框架与内容，结合笔者所在院校的教学管理工作，实践篇主要以重庆邮电大学移通学院数据科学与大数据技术、大数据管理与应用、信息管理与信息系统专业培养应用型大数据人才的实践为代表，总结和分析大数据时代应用型人才培养问题。

第四章
培养方案

专业培养方案是各个高校依据自己的人才培养定位和学校学科发展特色，以服务地方经济为目的的人才培养计划，包含人才培养目标、培养规格、课程体系、教学安排等内容。学生从入校开始到毕业结束，整个在校期间的专业教育都以人才培养方案为依据，毕业资格审核和学位授位也以此为认定标准。可见，特定专业的人才培养方案决定了专业教育规范与操作导向，更决定了学生的人才培养质量，直接影响学生就业和后续发展，在整个人才培养中，占据纲领性主导作用。因此，人才培养方案的制定是人才培养的关键，要科学制定、规范执行并能与时俱进反馈调整，始终保障人才培养契合当前地方经济社会的发展所需。

第一节　培养方案的定义及构成要素

一、定义

人才培养方案是学校落实党和国家关于人才培养总体要求，组织开展教学活动、安排教学任务的规范性文件，是实施人才培养和开展质量评价的基本依据。现在的人才培养方案制定，应当以达到普通高等学校本科专业类教学质量国家标准所规定的内容为基准，结合学校实际和本地经济社会发展需求，制订科学合理又切实可行的人才培养计划。

二、制定依据

根据上文所定义的人才培养方案，在制定时应遵循的依据有：

（1）教育类法规：国家教育部门相关法律规范与政策方针，如《中华人民共和国教育法》《中华人民共和国高等教育法》《中华人民共和国学位条例法》等。

（2）本科教育评估要求和国家质量标准：《学位授予和人才培养学科目录》《普通高等学校本科专业目录及专业介绍》《普通高等学校本科专业类教学质量国家标准》。

（3）社会用人需求：社会对此专业人才应具备的职业素养、技术能力、综合能力、岗位技能等方面的用人需求。

（4）学校自身发展定位与人才培养的定位：学校自身的办学性质、人才培养定位、教育资源、办学条件、产教融合程度等实际情况。

（5）生源质量：人才培养的对象是学生，应根据学生的实际情况开展教学工作，定位人才培养目标。普通本科院校达不到985、211、双一流高校的人才培养规格，学生生源也不适合走学术研究型人才培养，"攀高情结"并不适合普通应用型本科院校的培养。所以说，结合学校实际和学生实际，依据学生生源质量制定人才培养方案较为科学。

三、内容

各二级院系各专业教研室在制定培养方案时，应根据学校总体的人才培养方案制定原则进行。因此，在呈现出一份完整的人才培养方案之前，包含学校顶层设计给出的人才培养方案制定的指导思想、原则、要求与规范等。这些前期指导性文件精神并不直接体现在最终的人才培养方案里，而是融入人才培养方案的培养目标、课程体系、培养要求中。

呈现在学生面前可见的，教学单位参照执行的人才培养方案包含的具体内容有专业名称、专业代码、培养目标、专业特色、培养规格、培养要求、主干学科、主要课程、修业年限及授位学位名称、毕业学分基本要求、课程设置及学分/学时/学期分配表，培养方案制定人、审核人，培养方案发布结构和发布时间。

其中培养规格及培养要求要细化、明确毕业生应获得的素质和达到的毕业要求，毕业生应获得的素质一般细化为思想道德素质、专业素质、文化素质和身心素质；课程设置及学分/学时/学期分配表里包含课程代码（课程编号）、课程名称、学分/学时分配［总学分/总学时、理论学分理论学时、实践（实验）学分/实践（实验）学时］、考核方式。

四、管理程序

培养方案管理是高等学校教学管理中的重要一环，因为培养方案是教学活动的纲要性文件，是参照执行的标准和规范，是人才培养质量和评估的核心要素，所以培养方案的管理在某种程度上保障了高等教育工作有条不紊地开展确保了教育教学质量。

培养方案的管理包括培养方案的制定、执行、监督、评估等环节。其中制定环节是关键，直接决定人才培养质量。其具体包括规划设计、调研分析、起草审定、发布更新四个主要阶段。

规划设计阶段，主要是学校教学管理部门依据上文所述的五个依据，给出宏观的人才培养方案修订意见，明确人才培方案制定的具体要求，然后才部署至各个二级教学单位，由各二级教学实施单位完成各专业的人才培养方案。

调研分析阶段，是各二级教学单位在接到学校人才培养方案修订的总体要求和原则下，开展专业教育和人才培养的市场调研，可具体到校企合作单位用人需求调研、往届毕业生就业单位用人质量评价反馈调研、专业领域的行业发展趋势及用人需求调研，本部门教学改革与创新能力调研、本部门学生生源质量调研，具体有本部门学生身心健康和基础素质、基本能力调研。在综合各方面的调研情况后，研习判断，明确本专业人才培养的目标、行业特色、知识体系、能力素养，形成人才培养方案调研报告和人才培养方案制定策略。

起草审定阶段，是各二级教学单位在前期调研报告基础上，拟定具体的人才培养方案，重点是课程体系的构建和具体专业课程的确定。站在学生学习的角度，人才培养方案要明确每一学期的学习进程、学习任务、学习方式，甚至要明确各个学期之间前导课程和后续课程的逻辑关系，应用型人才培养方案还可以进一步分方向培养，学生根据自身情况和学习兴趣，选择专业培养方向的模块课程进行学习。站在教师教学的角度分析，人才培养方案要明确具体的每一门课程的课程名称、学分、理论教学与实践教学的学分分配、教学方式、教学要求，有些培养方案还会备注课程简介，以帮助教师明确课程的教学任务，准备相应的教学资源（教材、授课重难点知识、教学大纲、授课计划、教学方法、考核方式等内容）。人才培养方案初稿形成后，需提交至教学管理者或教学管理部门审核，根据审核结论反复修改直至审定签发。

经审定签发的人才培养方案，按学校既定的程序公开公布、报上级教育行政管理部门备案，并参照执行。由于每一届毕业生走向社会后，又来一批大一新生，因而每一届的人才培养方案都应及时修正。修正时，应根据人才培养质量的社会评价反馈，结合高校所在地方区域经济的发展实际、行业发展趋势、教育教学改革成果及时优化调整，形成特定的人才培养方案。

第二节　培养方案制定原则

大数据行业特征明显，面向不同行业的大数据应用型人才培养应该依托产业优势，突出行业大数据应用实践能力。制定大数据人才培养方案时，应该体现当前大数据产业发展的时代特点，体现国家和地方政府用人需求的培养目标，体现通识教育和综合能力培养的应用型能"用"的人才培养，体现学生面向特定行业解决实际问题的能力培养。

制定培养方案时应遵循的原则有：

一、以应用型的综合能力培养为主

大数据行业发展涉及数据安全、公民权益因素保护等科技伦理和产业革命，对大数据从业人员的职业道德、公民基本素质、科学家素养、遵纪守法合规操作要求较高。因此，大数据应用型人才培养方案制定时，应遵循着眼于当前高等教育改革目标，回归教育初心，回答"为谁培养人""培养什么样的人""如何培养人"，服务于国家和本地经济建设，培养社会主义建设事业的接班人，坚持思想政治教育，坚持德智体美劳全面协调发展，坚持专业教育服务实际应用的原则，重视终身学习与创新创业能力的培养。

二、多学科交叉融合的课程体系整合

大数据人才既不是单一的计算机学科人才，也不是单一的经济管理类学科人才；既不是传统的情报学、信息资源管理、信息管理与信息系统的学科人才，也不是单一的以应用统计学为代表的理学人才，而是这几类学科的交叉复合，甚至还要面向特定行业叠加行业学科知识，如金融大数据人才需叠加经济学科知识，医疗大数据需叠加医学学科知识，智慧城市需叠加城市规划、公共行政管理、工程管理等学科知识。因此，在制定大数据人才培养方案时，课程体系要体现多学科交叉融合的原则，包括处理好通识教育、专业基础课程教育、专业核心课程教育、专业主干与专业方向课程之间的关系。课程体系的构建要符合人才培养的目标与规格，符合学校发展实际，课程体系里的课程教学方式要注重理论与实际结合，体现大数据行业特征，体现大数据行业产教融合联合培养的要求。

在课程体系的整合上，还应该偏重学生个人兴趣的方向课程设置和实践课程设置。按照普通高等学校本科专业类教学质量国家标准的要求，开设专业主干课程（群），并鼓励学生根据个人兴趣选修专业课程和方向性课程，给予学生自主选择权，培养个性化应用人才。

三、突出实践能力培养的原则

应用型人才培养的重点在于学生能"用"，用所学知识和技能解决问题；用人单位能"用"，招聘毕业生进入岗位时能直接上手工作，而不是继续花费大量的人力资源培训成本。因此，人才培养方案的制定要处处体现应用型人才培养中"用"的能力培养，学科竞赛、项目实践、产教融合培养、方向模块培养等都应该契合"用"的培养。

（一）增加选修课，建立多样化的人才培养模式

每个学生的成长背景不同，个人职业方向不同，兴趣爱好不同，能力高低不同，整齐划一的培养方案不能因材施教，不尊重学生的身心健康，不利于个人的成长。增加多样化的选修课、设置方向性课程模块才符合当前高等教育对人才培养的要求和规定。

大数据产业特征明显，金融大数据、电商大数据、工业大数据等行业背景的学科知识各不相同。在制定人才培养方案时，除增加选修课外，还可以增加应用大数据技术支撑业务较多的金融行业、医疗行业、互联网行业等行业背景的学科知识模块选修课或者行业发展方向模块课程。课程教学方式除了校内教学外，还可以根据行业企业的需求定制培养方案或定制课程，由企业与学校联合进行课程开发，直接培养企业所需的应用型大数据人才。

(二) 改革考核方法

大数据应用型人才的评价重点在"用"上，学生能用专业知识和所学技能解决实际问题。从这个角度来说，单纯的试卷考试、理论知识考试难以真实评估学生的应用能力。从企业用人角度的"用"这个层面理解，对应用型人才的考核也不应该是高校内的课程考试，而应该是企业的岗位考核或者实习考核或者项目考核或者职业技能培训考核。

所以说，应用型大数据人才培养的考核方式应该适应当前大数据产业发展的需求，与时俱进，灵活设置，并在人才培养方案里课程简介或者课程学分/学时/学期分配表中给予明确。

在"大众创业、万众创新"的创新创业人才培养战略下，人才培养方案的制定还应该体现创新创业人才培养的要求，通过创新创业课程、专业性创新创业课程激发学生的创新思维和创新精神，提高学生的创新能力。相应地，创新创业能力测评也不应该以传统的课程考试为主，而是以学科竞赛、创新创业项目孵化等课堂外能力考核为主，可以以创新创业项目、学科竞赛获奖置换理论课程，避免传统课程考试、理论试卷考试对人才培养质量评估的狭隘和偏差。

(三) 加强实践教学环节，突出课外能力培养

大数据应用型人才的培养，最终"用"的能力培养落实在课程及其对应的教学方式上。构建偏实践应用的课程体系，实施以实践为主的课程教学模式，大数据实验体系、实验室、校外实践基地的建设尤为重要。大数据的实践性很强，数据采集需要实践动手能力、数据处理需要实践动手能力、数据分析需要实践动手能力、数据可视化和数据结论诠释更需要实践动手能力。因此，大数据应用型人才的培养必须依托实践体系和实践基地。制定人才培养方案时，在总学分不变的情况下，压缩理论学时和学分，增加实践学时和学分，课程安排也不再单纯

的是课堂内教学，可以增加以赛促学的课程教学方式、可以企业定制化课程培养、可以在校外大数据试验场指导学生具体的实践项目演练，可以积极鼓励学生参与学科竞赛、创新创业训练项目等课外活动，并支持学生以学科竞赛获奖、创新创业项目置换专业课程学分，减少学生理论知识学习的压力和无用感。

（四）强调产教融合、协同育人

应用型人才的最终落脚点是为企业生产经营服务，应用型人才需要面向行业需求。因此，在制定人才培养方案时，企业行业参与制定优于学校独立制定。

校企合作伙伴深度参与专业人才培养方案，其人才培养的质量更具有定向培养特征，人才培养效果大大优于高校"闭门造车"的人才培养效果。校企联合培养、联合制定人才培养方案的意义在于：一是从根本上解决了应用型人才培养与企业需求脱节的问题，二是人才培养更加"适销对路"。第一，企业在激烈的市场竞争中，最清楚自己需要什么样的人才。第二，企业拥有高校所不具备的真实的大数据环境，这对于行业大数据应用型人才培养至关重要。因此，只有产教融合、协同制定人才培养方案，才能保障人才培养的应用能力质量。

四、结合实际制订培养方案

为避免人才培养的同质化，各个高校应该结合本地经济社会发展需求和学校自身教育特色，制定适合本校的大数据人才培养方案。不同学院有不同的学科优势，人才培养的使命和责任各不相同。大数据行业是不断变化的，对大数据人才的需求也是各式各样、不断变化的。从行业类型来说，有智慧农业、商务智能、智慧物流、金融大数据、医疗大数据等。从学历层次来说，有专技能型应用人才、有本科层次应用型人才、有硕士层次综合性专业应用型人才。多样化的大数据人才需求，任何一所高校都不可能面面俱到，只有立足学校实际，才能在大数据人才培养上选择最合适自己的目标、层次和类型。

准确的人才培养定位为高校找到了适合本校的大数据人才培养市场。人才培养方案还应该体现学校人才培养特色，人才培养特色最终反映在学生的知识、能力、技能、素质等诸多方面。如笔者所在的重庆邮电大学移通学院，"商科教育＋完满教育＋通识教育＋专业教育"四位一体的人才培养模式就是其人才培养的特色。这种特色直接反映在人才培养方案里，商科教育规定了每个专业应学的商科课程和商科学分，包含企业经营管理的市场营销、财务管理、人力资源管理、战略管理、组织行为学等商科课程；完满教育规定学生每学期的完满活动板块及完满活动学分获取方式；通识教育也同样规定了每个专业每学期应学的通识专业课程和通识选修课程及其学分要求；专业教育根据专业学科特点和产教融合程度开设具体的专业主干课程和专业选修课程。

第三节　重庆邮电大学移通学院大数据
人才培养方案

一、重庆邮电大学移通学院简介

（一）基本概述

重庆邮电大学移通学院（以下简称移通学院）成立于 2000 年，是经教育部批准（教发函〔2004〕41 号），由重庆邮电大学举办的独立学院，属全日制普通本科院校，面向全国招生。现有在校学生 21000 余人，专任教师近 1200 人；现有通信与物联网工程学院、智能工程学院、大数据与软件学院、淬炼商学院、远景学院、中德应用技术学院、艺术传媒学院、外国语学院、数字经济与信息管理学院 9 个二级学院；爱莲书院、花果书院、别都书院、南湖书院、天渠书院等 11 个书院；思政教学部、通识教学部等 4 个教学部；以及完满教育委员会、创意写作学院、双体系卓越人才教育基地、钓鱼城科幻中心、钓鱼城研究院、德国研究院等多个特色部门。该学院共开设通信工程、电气工程及其自动化、轨道交通与信号控制、财务管理、工程管理、广播电视编导等 36 个本科专业；通信技术、工商企业管理等 4 个专科专业，形成了以工学为主，管理学、艺术学等多学科交叉融合协调发展的专业体系。

（二）人才培养理念与模式

1. 办学定位——信息产业商学院

移通学院秉承"乐教、乐学、创造、创业"的校训精神，明确信息产业商学院的总体办学定位，坚持以学生全面发展为中心，创新构建了"四位一体（商科教育＋完满教育＋通识教育＋专业教育）＋双院制（学院＋书院）"人才培养模式，注重培养具有扎实的自然科学、人文社会科学基础知识，较强的综合素质、国际视野、创新精神、实践能力和竞争优势的高素质应用型、技术技能型管理人才。该学院致力于建成以新工科为主体、以电子信息为优势、中西部一流的民办应用型本科院校，以期服务于信息行业和地方社会经济发展，打造中国最受尊崇的一流民办大学。

2. "四位一体"人才培养模式

面向信息产业，培养未来社会中坚阶层领导人，是移通学院多年发展沉淀出的人才培养理念，为此，其不断创新人才培养模式，形成"商科教育＋完满教育＋通识教育＋专业教育"的特色人才培养体系。"新工科""新商科"专业集群布局科学、结构合理，"完满教育"搭建以社团活动、志愿服务、竞技体育、艺术修养与实践四个板块为主要内容的创新素质教育大平台，"通识教育"形成基于公民意识、全球视野、人文关怀、科学精神、艺术创作与审美情趣等相结合的课程体系。创意写作学院、双体系人才培养模式、淬炼领导力训练营、创业学院等多个特色育人项目，品牌成熟、西部领先。钓鱼城科幻中心、钓鱼城研究院、钓鱼城历史文化博物馆、钓鱼城城市化研究院等多个部门立足本土，将人才培养与服务地方紧密结合。名家讲坛·大师课堂邀请国内外各领域权威专家和知名人士面向全校开放性授课。远景学院借鉴国外办学先进模式，探索并打造寄宿制文理学院，万画影城、光影学堂、素质拓展、重庆市大学生影评大赛、大学城·钓鱼城国际音乐节、中德国际教育论坛、劳动教育等多个特色举措已成为移通名片，影响深远。

3. 实施全员书院制育人

书院作为社区化、交互性、共享式的育人平台，支撑学校"信息产业商学院"办学愿景,匹配"完满教育"育人理念,依托家文化和领导力双核驱动实践服务式管理、生活式学习、社区式教育,为学生创造社区共享与朋辈互助的新圈层。移通学院目前现有专业集中式书院 3 个、社区文化式书院 7 个、文理式书院 1 个。

4. 坚持实施国际化战略

继与德国安哈尔特应用技术大学联合成立中德应用技术学院以来,移通学院已和德国、美国等十余所大学签署合作办学协议,广泛开展中外联合培养的硕士、本科双学历教育活动,截至目前已输送近八百名学生到国外深造,在校预备赴德学生 1700 余人。

(三) 办学成效

1. 人才培养质量成效显著

近年来,移通学院毕业生就业率一直保持在 92% 以上,高就业率、高用人单位满意度等居于全国同类高校前列。截至目前,学校累计毕业生近 5 万人,就业主要分布在通信、制造、软件开发等行业,基本实现对口就业;在世界或中国五百强企业就业的学生占比达到 10%,服务于重庆市第一支柱信息产业的毕业生占比达到 60% 以上。

该学院学生在社团活动、志愿服务、艺术教育、竞技体育等方面共获市级以上奖项 2267 个,其中荣获全国最热公益校园、中国戏剧奖·校园戏剧奖、全国校园铁人三项邀请赛总决赛第一名等国家级奖项 820 个。此外,该院学生共获得国家级、省部级各类专业学科竞赛奖上千项,其中获全国大学生数模竞赛一等奖、中国工程机器人大赛暨国际公开赛特等奖第三名、两次获"西门子杯"中国智能制造挑战赛全国总决赛一等奖等国家级奖 111 项、国家一等奖及特等奖 30 项。

2. 教师教育教学成效显著

学校连续两届获教育部全国民办高校党的建设和思想政治工作优秀成果二等奖、优秀奖;是重庆市首批依法治校示范校、园林式单位、数字化校园、就业示范中心;获得全国十佳优秀独立学院、中国十大品牌独立学院、重庆市园林式单位、重庆市数字化校园、重庆市大中专毕业生就业工作先进集体等 30 余项荣誉。学校被教育部、重庆市教委确定为首批应用技术大学改革试点高校，智能工程学院是该市独立学院中唯一获批的普通本科高校转型发展的二级学院；有 7 个专业入选市级三特专业、一流专业，其中"控制科学与工程"成为市级重点培育学科；有市级教学团队 1 个、教学名师 1 人、中青年骨干教师 1 人。2013 年被教育部列为中国应用技术大学首批改革试点院校，2014 年被评为最具综合实力中外合作院校，2015 年被评为中国社会影响力就业典型高校，2016 年获评重庆市就业示范中心，2017 年学校教育教学成果获得重庆市第五届教学成果三等奖，2018 年获评"全市普通高校毕业生就业创业工作先进集体"，学校办学成效得到社会各界的广泛认可。

二、重庆邮电大学移通学院应用科技型人才培养方案的改革

人才培养方案是学校组织安排教学活动，实现人才培养目标与规格的总体设计，也是学校对教育教学质量实施监控与评价的基本依据，对于规范教学行为、稳定教学秩序、加强教学管理、提高教学质量具有十分重要的作用。

（一）移通学院应用型人才培养的背景分析

2013 年初，教育部发展规划司《关于推荐有关院校参加应用科技大学改革试点战略研究的通知》下发到重庆市教委。重庆邮电大学移通学院结合学校办学定位和发展思路，积极申报并成为应用技术大学改革试点战略研究单位，并以此为契机，不断探索应用型人才培养模式改革。

应用技术大学重在培养应用技术型人才，服务地方经济发展，以学习者职业发展为核心，接受社会评价。应用技术大学主要有以下一些特征：

（1）以应用型人才培养为目标。应用型大学培养的人才要直接能为生产生活一线服务，学生要有学术、技术和职业三种能力，培养的学生社会适应能力强、工作能力也强。

（2）以服务地方经济社会发展为宗旨。第一是目标定位要准确。要坚持培养应用型人才，为社会经济发展提供应用型科研成果和社会服务，要以建设成为应用型大学为目标。第二是类型定位，要把应用型作为学校发展的基础。第三是

层次定位，以应用型本科教育为主体，同时也可以办高职教育，还可以发展继续教育和培训，再进一步就是可以发展应用型的专业学位研究生教育。第四是专业学科定位，要加大力气发展适应地方高新技术产业和新兴第三产业的专业学科，以具有地方特色的优势专业带动其他专业的发展。第五是服务面向定位，应用型大学培养的人才是为地方经济的发展提供服务。

（3）面向行业产业设置学科专业。例如，可以设置符合区域经济社会发展需要的学科专业，这是应用型大学建设与发展最重要的一个特征。一个学科的专业决定了学校的人才培养结构，学科专业水平也直接影响学校的人才培养质量。在新增专业前，学校应该进行认真、仔细的调研，详细了解当地经济社会发展规划，进而根据调研结果设置符合自己学校的学科和专业体系。

（4）要形成突出实践能力培养的教学体系。应用型人才的培养就是要打破原来的学科知识结构，逐步建立以职业能力培养为主的教学体系，这样就使学生能够胜任一些基层实际工作的需要。在这个教学体系中，学校要特别重视实践教学环节、实践教学体系、实践教学基地、"双师型"教师队伍等方面的建设。

（5）产学研合作的人才培养模式。只有深入开展产学研合作，才能真正实现应用型人才培养。应用型大学要重视学生应用能力的培养和实际工作经验的积累，广泛地与相关企业、科研院所等建立联合培养关系，创设"校融企业和课融车间"的实践实训人才培养模式。

（二）培养模式与培养方案的重构

1. 人才培养模式

作为应用技术大学改革，首先要探索的就是应用型人才培养模式，既要加强实践教学，重视技术应用能力的培养，又要培养学生具有适当的理论基础知识。移通学院将在精英学院模式、双体系模式、联通班模式、创业学院模式、叶茂中营销学院模式等基础上，进一步探索实践多元化人才培养的新模式，使学生具有"商科＋通识教育＋专业教育＋技能教育"完整教育体系的能力和素质。

2. 培养方案

培养应用型人才，还要求有配套的人才培养方案。"上大学只学习一些职业技能是远远不够的，大学生还应培养表达能力、批判思维能力、道德推理能力、公民意识、适应多元文化的素养等。"这一应用型大学的人才培养理念始终贯彻移通学院人才培养全过程周期，也体现在人才培养方案里。移通学院引入通识课程，开阔学生的视野，提升学生的思维能力，将设置人文精神与生命关怀、科技进步与科学精神、艺术创作与审美经验、交流表达与理性评价、社会变迁与文明对话、道德承担与价值塑造六大模块。

移通学院历来对培养方案的修订都十分重视，每年都会对毕业生就业信息进行反馈，根据市场需求及时调整培养方案，以便让学生更加适应社会需求。但以往的培养方案重在专业课程的设置与改革方面，而作为应用型大学，结合学院定位和目标，需要在培养方案中要充分体现通识教育。此外，培养方案中还设置了以培养学生社会道德责任感为目标的"完满教育"模块，包括校园活动与社会实践、志愿者服务（社会工作、公益活动）、技能与创新、拓展训练等。因此，在2014级培养方案中，学校以应用型人才培养为主要目标，进行了重大改革，纳入了通识课程模块及英才教育模块，更加注重实践能力培养环节，重在培养学生的"商科教育＋完满教育＋通识教育＋专业教育"的完整体系的能力以及服务社会的综合能力。

3. 专业设置

培养应用型人才，需要面向行业进行专业设置。移通学院每年都会通过市场调研分析，增设新专业以完善学科结构。由此，学科与专业、课程设置也要同步调整，力求与未来工作岗位无缝对接。在学校确定了应用型人才培养目标后，各二级学院在新专业的设置上，紧密结合此目标进行新增专业的调研。一个学科的专业决定了学校的人才培养结构，学科专业水平也直接影响学校的人才培养质量。在申报新专业前，需要进行认真、仔细的调研，详细了解当地经济社会发展规划，进而根据调研结果设置符合自己学校的学科和专业体系。

自2014年开始，移通学院以应用型人才培养为导向，进行了区域、行业的深入调研。根据国家专业设置的相关要求，设置了符合学校定位的专业，并对已有专业进行资源整合，使其专业与行业需求紧密接轨，使其培养的学生符合社会实际需求，出了校门就能找到适合自己的岗位。

4. 教学内容及方法

加强实践教学环节，突出应用能力的培养。强化学生技术技能培养，突出学生信息技术、工程应用和实践创新能力的提升，合理制定实践教学环节方案，加强与企业的合作，让实践环节和企业实习等实训的比例至少达到40%，努力构建各专业综合知识结构完整的人才培养方案，实现人才培养模式多元化，学生技能多元化。

大数据应用型人才的培养，构建偏实践应用的课程体系，实施以实践为主的课程教学内容和教学方法，大数据实验体系、实验室、校外实践基地的建设尤为重要。大数据应用型人才的培养必须依托实践体系和实践基地。

5."双师型"教师

学校以应用型人才培养为目标，应用型师资或者"双师双能"型师资队伍的建设成为关键。重视教师队伍建设，大力引进和培养适应学校人才培养需要的教学型、教学科研型和双师型教师队伍。在师资队伍建设方面，移通学院实行聘任制，建设了一支结构合理、业务能力强的高素质师资队伍，特别是专任教师队伍的建设，完全能够满足人才培养的需要。

(三) 应用型人才培养特色

1. 以培养方案为引导，构建"商科教育＋完满教育＋通识教育＋专业教育"的培养模式

正如前文所述，人才培养方案的制定应遵循一定的原则，参照一定的制定基础，结合学校实际和产教融合情况，科学制定大数据应用型人才培养方案。为适应高等教育人才培养的改革，人才培养方案的改革首当其冲。移通学院以应用型人才培养为目标，在培养模式上采用"商科教育＋完满教育＋通识教育＋专业教育"的模式。商科教育旨在培养学生企业中层管理干部所具备的综合商业经营能力；通识教育重在培养学生的综合素质和能力；专业教育重在培养学生掌握专业核心知识和基本的理论知识；完满教育重在让学生将理论知识与实践相结合，在大学教育中体验实践，以实践检验学习效果，使学生掌握一种或几种能够胜任工作岗位的基本技能。

2. 以专业调整为依托，培养"专业＋信息技术"的多样化人才

学校正逐渐形成自我发展、自我调整，主动适应社会变革需要的专业管理机

制。根据社会需要和学校在信息与通信工程、计算机科学与技术、电子科学与技术、自动化、管理科学与工程等学科优势，移通学院逐步实现了学科专业的总体布局和结构的合理调整。根据学校定位以及优势，该学院确定了六个核心专业：通信工程、电子信息工程、物联网工程、网络工程、电气工程及其自动化、信息管理与信息系统。学校以应用型人才培养为目标，本科教育为主体，形成以工为主，工、理、经、管、文等多学科协调发展的学科专业体系以及理工结合、工管交叉、文理渗透的合理专业结构；依托信息学科优势，凝练专业特色，培养具有人格高尚、专业基础扎实、创新精神突出、实践能力强，能适应经济社会发展需要的"专业＋信息技术"多样化人才。

3. 以校内外实践体系为载体，创设"校融企业和课融车间"的实践实训人才培养模式

在人才培养方案中，移通学院科学地规划和设置实践环节，使实践环节和企业实习等实训的比例至少达到40％；进一步加强理论课程教学内容的改革与实践教学内容改革的衔接；对每一个实践环节的教学内容进行合理的改革与设计；争取实现学生在四年大学学习中累计有一年时间到企业进行实践实习，学生能够带着问题去企业，将所学知识到企业进行实践以解决实际问题。移通学院非常重视学生应用能力的培养和实际工作经验的积累，广泛地与相关企业、科研院所等建立联合培养关系，创设"校融企业和课融车间"的实践实训人才培养模式。

4. 以教师激励机制为保障，培养"双师型"教师

人才培养模式的改革势必要求对教师进行转型，"双师型"教师的培养势在必行。移通学院除引进有企业经验的教师外，更多的是对现有教师进行培训。每一年寒暑假，各二级教学单位提出顶岗实习计划，报送顶岗实习方案，鼓励教师走向企业一线，增加教师的实践经历，在教学中更好地结合当前社会发展需求，不断改变自己的教育方法。此外，还鼓励教师指导学生参与实践。通过本项目的实施，将会培养一大批"双师型"教师。

改革的落实关键在于教师。因此，大力加强对教师的激励，让教学改革深入教师心中并落实在行动中至关重要。鼓励教师从单纯的理论教学转为结合企业实际进行教学改革，并从制度上给予保障和支持。

三、基于高等教育改革背景下重庆邮电大学移通学院人才培养方案改革

2018 年 6 月 21 日，教育部在四川成都召开新时代全国高等学校本科教育工作会议。会议强调，要深入学习贯彻习近平新时代中国特色社会主义思想和党的十九大精神，全面贯彻落实习近平总书记 5 月 2 日在北京大学师生座谈会上的重要讲话精神，坚持"以本为本"，推进"四个回归"，加快建设高水平本科教育、全面提高人才培养能力，造就堪当民族复兴大任的时代新人。

在高等教育改革的发展要求下，移通学院积极进行人才培养改革。基于前阶段应用科技型大学应用型人才培养的发展积累，为凸显人才培养特色，稳步提升人才培养质量，探索以提升质量为核心的人才培养内涵式发展之路，培养适应时代发展需求的人才，学校决定对人才培养方案进行全面修订，特制定 2019 版人才培养方案修订的指导意见。

（一）指导思想

遵循党和国家的教育方针与教育教学的基本规律，着眼于为了人才全面发展的需要，坚持立德树人，努力构建德智体美劳全面培养的教育体系。广泛借鉴国内外高等教育教学改革的成果和经验，加强大学生思想政治教育，培养学生社会主义核心价值观。努力打造课堂教学与课外教育并重的育人格局，进一步优化课内实验教学与课外实践相结合的实践教学体系，着力培养学生的综合素质与综合能力，强化国际化创新应用型人才培养过程，完善具有学校特色的"商科教育＋完满教育＋通识教育＋专业教育"四位一体人才培养模式。

（二）修订原则与具体要求

1. 修订原则

（1）坚持并进一步落实"信息产业商学院"的办学定位，注重创造，差异发展，特色鲜明。

（2）坚持"商科教育＋完满教育＋通识教育＋专业教育""四位一体"人才培养模式，有机融合，围绕中心，努力培养"完整的人"。

2. 具体要求

（1）定位准确，目标明确，凸显专业特色。人才培养方案要充分体现学校"信息产业商学院"的办学定位，专业培养目标要紧紧围绕学校"具有专业背景知识的未来社会中坚力量的领导者"的人才培养总体目标定位，以《普通高等学校本科专业类教学质量国家标准》相应专业培养目标、培养要求、核心课程及主要实践性教学环境要求为依据，以本科教学质量评估要求为基准，结合社会经济发展对各专业人才的需求趋势，以服务地方经济社会、紧跟行业发展形势为宗旨，强化专业核心能力培养，彰显专业特色，修订人才培养方案。

（2）明确专业培养要求。根据本专业人才培养目标，明确、细化本专业毕业生知识、能力和综合素质的要求，在知识传授的基础上，强化实践能力和创新能力的培养，注重学生综合素质教育，使"商科教育＋完满教育＋通识教育＋专业教育"有机融合，实现"完整的人"的培养，成为人才培养目标的有力支撑。

（3）优化课程知识结构，合理构建课程体系。①根据学校人才培养目标定位，适应新的通识课程的体系调整，新增商科教育课程体系。结合通识课程教学目标，针对不同专业差异化设置课程。②思想政治理论课程在满足中宣部、教育部有关规定要求的前提下，加强实践教学环节，将理论课与实践课有机结合，突出教学特色。数学、公共英语类课程中满足专业教学需求的前提下，结合考研需要，进行必要的分级分类教学课程设置。体育课程在满足国家有关规定要求的前提下，重点与学校竞技体育类课程、素质拓展课程相融合，进行项目选项设置，突出体育教学特色。③根据各专业人才培养目标要求，结合各专业的特色和社会需求，及时更新优化教学内容，全面梳理、整合、优化课程体系，相互支撑性的专业群要形成贯通的专业基础课程组，突出体现专业特色或方向的课程。增设专业选修课（建议2~4学分），加强专业实践教学环节，科学合理地安排课内外学时和学分比例，实现专业课程数量精、质量优，保证课程间的逻辑性和知识结构的完整性，避免课程之间内容交叉重复等问题。强化专业能力培养，使专业基础课、专业课、选修课、实践环节形成有机整体。

（4）改革课堂教学方法及考核模式。以"知识应用、能力培养"为导向，推进教学方法改革，提倡启发式、探究式、讨论式等教学方法，运用智慧教学手段，引导学生自主学习，强化学生学习能力、创新能力的培养。改革课程考核模式，加强过程考核，根据课程特点及教学要求探索多样化、科学化、合理化、可操作性强的考核方式。

（5）强化实践教学环节和创新创业教育，注重实践能力和创新能力培养。将完满教育理念融入专业教育过程，完善实践教学内容和体系，加大实践教学比重，加强实践教学改革和实践教学管理，优化重组专业实验内容，强化专业综合实践，提高实践教学效果和质量。设置创新创业教育课程板块，强化大学生创新创业教育，充分发挥学生主观能动性，支持学生开展研究性、创新性实验、创业机会和创业模拟活动，鼓励学生参加各类学科竞赛和相关社会实践活动，全面提升学生的实践能力和创新能力。

（6）规范课程、学分和课时设置。商科教育、通识教育、完满教育贯穿于第一学年、第二学年和第三学年。第一学年主要进行公共基础课教学，第二学年开始专业基础课和部分专业核心课教学，第三学年主要进行专业核心课和开始部分专业选修课教学，第四学年主要以综合实践教学为主，并完成毕业设计（论文）。

（三）学分计算方法

（1）理论课和实验课程，原则上按每16学时记1学分计算。

（2）课程设计、集中上机、专业实验、综合实验等实践类课程，原则上按1周记1学分计算。

（3）每门课程学分的最小单位为0.5学分。

（四）课程考核方式

（1）在无特别说明时，理论课程的考核方式原则上按"考试"处理；实验课程及实践类课程的考核方式原则上按"考查"处理。

（2）考核方式由课程归属教学单位确定，原则上一门课程不管专业、课程性质、学时数是否相同，其考试方式都应该一致。

（3）"考试"课程可以"开卷"或"闭卷"考试，但必须有考试试卷、考试成绩等相关材料。"考查"课程可以以大型作业、调研报告、论文报告、实验报告、电子作品、实物作品、平时测试、体能测试结果等方式进行，该类课程无试卷，但必须有考查成绩等相关材料。

四、重庆邮电大学移通学院人才培养方案课程体系模块

在"商科教育＋完满教育＋通识教育＋专业教育"四位一体人才培养模式下，移通学院各专业都遵循商科教育、完满教育、通识教育三大板块的课程设置要求。

（一）商科教育模块

（1）必修课程12学分（6门）。必修课程共6门，每门2学分32学时（理论32学时），分别是移动商务时代的品牌与营销管理、人力资源管理、财务管理、"互联网＋"时代的企业战略管理、组织行为学、消费心理学。

（2）选修课程4学分（4选2）。选修课每门2学分32学时（理论32学时），每名学生需在第六学期（含）之前全部完成2门共4学分的商科选修课程。选修课程（信息产业MBA案例分析、网络伦理与电子商务法规、投融资管理、网络广告学）分别在第四学期至第六学期开设，每学期分别开设四门，每名学生可以每学期选择0~2门。

（二）完满教育模块

（1）"社会能力与素质培养"模块必修课程（15学分）。如表4-1和表4-2所示。

表4-1 "社会能力与素质培养"模块必修课程

序号	课程编号	课程名称	理论学分	实践学分	周数	备注
1	630006	校园社团活动（含社会实践）		2		完满教育实践课程（8学分），学期不限，主要通过相关实践获得学分
2	630002	志愿者服务（含社会工作、公益活动）		2		
3	630003	艺术修养与实践		2		其中艺术修养与实践、竞技体育也可以通过板块补充课程选修获得相关学分
4	630005	竞技体育		2		
	420002	拓展训练		0.5	0.5	

续表

序号	课程编号	课程名称	理论学分	实践学分	周数	备注
5	610021	军事课	1	1	2	第一学期开设，其中军事理论课为36学时，军事技能训练为14天
6	610040	安全教育				第一学期至第八学期，每学期8学时。（第一学期含入学教育8学时）
7	610020	大学生心理健康教育	1			第一学期开设0.5/16学时第六学期开设0.5/16学时
8	230006	大学生职业发展与就业指导	1			第二学期开设，1/16学时
9	430009	职场关键能力	1			
10	230004	大学生创新创业基础	1			
11	230005	大学生创新创业实践		1		学期不限

表 4 - 2 完满教育板块选修课程模块（部分）

类别	课程编号	课程名称	课程编号	课程名称
	640002	流行声乐	640022	电影音乐赏析
	640003	音乐剧表演与赏析	640024	化妆与形象设计
	640005	舞蹈赏析	640025	经典音乐剧演唱基础与赏析
	640006	戏剧编剧与赏析	640026	西方芭蕾舞蹈实践
	640007	瑜伽（艺术方向）	640027	影视美术设计概论
艺术修养与	640008	钢琴作品赏析	640028	打击乐的审美与创作
实践板块	640009	节目主持基础与赏析	640029	吉他艺术欣赏
	640012	竹笛演奏与赏析	640030	古筝表演基础
	640016	计算机音乐制作	640031	现代音乐的风格发展
	640017	舞台美术基础	640032	中国传统音乐鉴赏
	640020	服装与化妆鉴赏	640033	流行乐器基础赏析
	640021	中国古典舞基础训练	640034	流行乐风格赏析

续表

类别	课程编号	课程名称	课程编号	课程名称
竞技体育板块	650018	趣味沙滩排球	650029	排球竞赛组织与裁判
	650022	休闲气排球	650030	篮球竞赛组织与裁判
	650023	足球技战术	650031	足球竞赛组织与裁判
	650024	篮球技战术	650032	运动损伤与预防
	650025	排球技战术	650033	运动营养与健康
	650026	跑步技术与技巧	650034	蛙泳技术与技巧
	650027	铁人三项	650035	仰泳技术与技巧
	650028	自行车运动与技术	650036	自由泳技术与技巧
	650016	排舞	650037	有氧健身操
	650007	啦啦操	650038	瑜伽（体育运动方向）

注：此表课程为完满教育板块选修课程，每学期由教务处公布具体选修课开课课程表，供学生选修学习。

（2）名家讲坛与名师课堂模块（2学分）。如表4-3所示。

（3）思想素质基础课程模块（12学分）＋（2学分形势与政策，不计入总学分）。如表4-4所示。

表4-3 名家讲坛与名师课堂模块

序号	课程编号	课程名称	学分/学时	理论	考核方式	开课学期	备注
1	610008	名家讲坛	2/32	2/32	考查	不限学期任选一门	
2	610014	名师课堂	2/32	2/32	考查		

表4-4 思想素质基础课程模块

模块		课程编号及名称		学分/学时	理论	实验（践）	开课学期	建议适用专业
思想素质基础课程模块	1	410011	思想道德修养与法律基础	2/48	2/32	(0/16)		各专业
	2	410018	中国近现代史纲要	3/48	3/48			
	3	410017	马克思主义基本原理	3/48	3/48			
	4	410013	毛泽东思想和中国特色社会主义理论体系概论	4/96	4/64	(0/32)		
	5	610041	形势与政策	2				

注：①思想素质基础课程的实践学分由教师安排，带领学生走出校园，结合具体教学内容到教育基地以参观或实践的形式完成。②"形势与政策"课2学分，分四年实施，第一学期至第七学期每学期理论课8学时、第八学期实践课8学时（实践课由学生通过听报告、看电影并讨论、参观革命教育基地、自学等形式完成）。

（4）身体素质基础课程模块（4学分）。如表4-5所示。

（5）公共英语基础课程模块（12学分）。如表4-6所示。

表4-5 身体素质基础课程模块

模块	课程编号及名称			学分/学时	理论	实验（践）	开课学期	建议适用专业
身体素质基础课程模块	1	400001	体育（1）	1/32		1/32	1	各专业
	2	400002	体育（2）	1/32		1/32	2	
	3	400003	体育（3）	1/32		1/32	3	
	4	400004	体育（4）	1/32		1/32	4	

表4-6 公共英语基础课程模块

模块	课程编号及名称			学分/学时	理论	实验（践）	开课学期	建议适用专业
公共英语基础课程模块	1	040001	大学英语（1）	3/48	3/48			除外语学院相关专业外的各专业
	2	040101	大学英语（2）	3/48	3/48			
	3	040102	大学英语（3）	3/48	3/48			
	4	040095	大学英语（4）	3/48	3/48			

注：外语类专业不修读此模块。

（三）通识教育模块

（1）必修课程12学分（6门）。通识必修课程苏格拉底、孔子所开创的世界、生活中的经济学、从小说到电影、创意写作、欧洲文明的现代历程、正义论分别在第一学期至第六学期开设，每门2学分、32学时，共12学分。如表4-7所示。

（2）通识选修课程6学分（18选3）。通识课程的18门选修课按课程内容领域相关性和核心能力培养的共同属性分为三个选修模块，每个学生需从每一个模块中选修一门课程，每门课程2学分、32学时。三个选修模块情况如表4-8所示。

表4-7 通识教育模块必修课程

模块	课程编号	课程名称	学分/学时	理论	开课学期	建议适用专业
人文精神与生命关怀	470028	苏格拉底、孔子所开创的世界	2/32	2/32	1~6	
科技进步与经济思维	470032	生活中的经济学	2/32	2/32	1~6	
艺术创作与审美体验	470003	从小说到电影	2/32	2/32	1~6	各专业
交流表达与理性评价	380001	创意写作	2/32	2/32	1~6	
社会变迁与文明对话	470005	欧洲文明的现代历程	2/32	2/32	1~6	
道德承担与价值塑造	470012	正义论	2/32	2/32	1~6	

表4-8 通识教育模块选修课程

模块		课程编号	选修课课程名称	课程内容领域	核心能力	共同属性	选修说明
选修模块一	1	470016	弗洛伊德与荣格、阿德勒	心理学/社会科学	跨学科认知/沟通与表达	跨学科认知 自然科学 社会科学	五选一
	2	470009	幸福课	心理学/社会科学	跨学科认知/沟通与表达		
	3	470024	时间简史	自然科学	跨学科认知/批判性思维		
	4	470006	生命科学中的伦理	自然科学/人文	跨学科认知/批判性思维		
	5	470008	信息技术与社会	自然科学/社会科学	跨学科认知/批判性思维		
选修模块二	1	470021	论美国的民主	政治学/社会学/历史学	批判性思维/跨学科认知/沟通与表达	批判性思维 沟通与表达 社会科学	六选一
	2	470033	中国近代经济地理	历史学/经济学/地理	批判性思维/跨学科认知/沟通与表达		
	3	470032	西方哲学史（罗素）	哲学/历史学	批判性思维/沟通与表达		
	4	380007	钓鱼城与世界中古历史	历史学/社会学	批判性思维/跨学科认知/沟通与表达		
	5	470034	美国历史	历史学/社会学	批判性思维/跨学科认知/沟通与表达		
	6	470035	世界三大文明	哲学/宗教	批判性思维/跨学科认知/沟通与表达		

续表

模块		课程编号	选修课课程名称	课程内容领域	核心能力	共同属性	选修说明
选修模块三	1	470017	古典音乐入门	人文与艺术	沟通与表达/跨学科认知	沟通与表达 人文与艺术	七选一
	2	470018	经典电影赏析	人文与艺术	沟通与表达/跨学科认知		
	3	470011	音乐剧	人文与艺术	沟通与表达/跨学科认知		
	4	470023	劝服与说理	人文与艺术	沟通与表达/批判性思维		
	5	380006	经典演讲	人文与艺术	沟通与表达/批判性思维		
	6	380005	修辞与论理	人文与艺术	沟通与表达/批判性思维		
	7	380008	300年来的世界文学	人文与艺术	沟通与表达/批判性思维		

（四）专业教育模块

（1）计算机基础课程模块（6学分）。如表4-9所示。

表4-9　计算机基础课程模块

模块		课程编号及名称		学分/学时	理论	实验（践）	开课学期	备注
公共计算机	1	020191	大学计算机	2/32	1/16	1/16	1	除计算机类外所有专业
	2	020149	C语言程序设计	4/64	2/32	2/32	2	

注：外语、艺术类专业和淬炼商学院可不修读C语言。

（2）毕业实践模块（10学分）。如表4-10所示。

表4-10　毕业实践模块

模块	课程编号	课程名称	学分/周	理论	实验（践）	开设学期	备注
毕业实践		毕业实习	3~4/4~8		3~4/4~8	7	
		毕业设计（论文）	6/12		6/12	8	

（3）数学基础课程模块（理工类 14 学分，经管类 12 学分）。学院规定必选课程模块，如表 4 – 11 所示。

表 4 – 11　数据基础课程模块必选课程

模块		课程编号及名称		学分/学时	理论	实验	开课学期	备注
公共数学模块	1	450008	高等数学（1）	4/64	4/64		1	理工类专业
	2	450002	高等数学（2）	5/80	5/80		2	
	3	450003	线性代数	2/32	2/32		2 或 3	
	4	451008	高等数学（1）	4/64	4/64		1	经管类专业
	5	451011	高等数学（2）	3/48	3/48		2	
	6	451003	线性代数	2/32	2/32		2 或 3	

学院建议自选课程模块如表 4 – 12 所示。

表 4 – 12　数学基础模块自选课程

模块		课程编号及名称		学分/学时	理论	实验	开课学期	备注
公共数学模块	1	450005	概率论与随机过程	3/48	3/48		3	电子类各专业
	2	450006	概率论与数理统计	3/48	3/48		3（经管） 4（理工）	其他各专业

（4）物理基础课程模块（5 学分）的具体内容如表 4 – 13 所示。

表 4 – 13　物理基础模块课程

模块		课程编号及名称		学分/学时	理论	实验（践）	开课学期	备注
大学物理模块（A）	1	450208	大学物理（A）	3/48	3/48		2	（A）主要电磁光等内容
	2	450209	物理实验（A）	2/32		2/32	3	

模块		课程编号及名称		学分/学时	理论	实验（践）	开课学期	备注
大学物理模块（B）	1	450210	大学物理（B）	3/48	3/48		2	（B）主要力学等内容
	2	450211	物理实验（B）	2/32		2/32	3	

注：①电类及计算机类专业学习大学物理模块（A），机械类专业学习大学物理模块（B）。②具体教学内容安排，由数理教学部与开课系协商确定。

（5）全校任选课课程安排表（部分）（2 学分）。

全校任选课原则上每门课程 2 学分 32 学时，由各学院提供开课名目，学生自行选课。

五、重庆邮电大学移通学院应用型大数据人才培养方案

（一）数据科学与大数据技术专业人才培养方案

1. 专业简介

移通学院本科层次数据科学与大数据技术专业于 2017 年申报，2018 年经教育部审批通过，同年 9 月开始招收第一批学生。

数据科学与大数据技术专业设在移通学院下属的大数据与软件学院（原计算机科学系），该学院创建于 2000 年 5 月，是移通学院最早建立的系部，现有计算机科学与技术、软件工程、网络工程、数字媒体技术、数据科学与大数据技术五个本科专业。数据科学与大数据技术专业紧跟社会发展及计算机技术的发展，致力于培养当前社会最为紧缺的大数据人才。专业人才培养方案按照国家计算机及相关行业发展需求和西部大开发格局下重庆市及周边地区社会经济发展需要而设置，遵循学院双院制"商科教育 + 完满教育 + 通识教育 + 专业教育"四位一体的教育模式，符合移通学院的自身条件和定位；同时专业建设目标明确，科学合理，建设措施得力，符合人才培养目标，有利于提高学生的人文素养和科学素质。专业人才培养方案符合各专业的教育教学规律，教育过程注重学生的工程实践能力和创新精神的培养。

2. 培养方案

数据科学与大数据技术专业培养方案
（专业代码：080910T）

一、人才培养定位、目标和特色

本专业旨在培养思想道德、业务、文化、身心素质等方面全面发展，适应信息社会和知识经济时代需要，具有基础知识扎实、专业知识面广、勤奋创新的新时代的建设者和接班人。培养能系统地、较好地掌握大数据相关行业的数据采集与处理、存储、数据分析与可视化、大数据应用系统软件开发等能力，面向大数据产业，服务区域经济信息技术发展需要能够胜任数据采集、数据分析、数据处理、数据可视化、大数据应用系统开发的高素质应用型专门人才。

特色：着力培养掌握大数据采集技术、存储技术、数据分析与处理技术，具备大数据系统应用及开发技能，具备一定管理能力的信息产业高级应用型人才。

二、培养规格及要求

本专业学生主要学习数据科学与大数据技术方面的基础理论和基本知识，接受从事大数据应用和开发的基本职业技能训练，具有应用和开发大数据系统的基本能力。通过通识类课程的学习增强学生人文知识、管理知识和领导能力，通过专业类课程的学习增强学生分析和解决实际问题的能力；通过完满教育增强学生的组织管理能力；从而使学生综合素质达到专业培养目标的要求。

为使学生达到所要求的专业培养目标，教学计划在注重基础课程教学的同时，还安排了系列综合实践技能训练和课外科技活动等环节，以培养和提高学生的求实、创新精神。

本专业毕业生应获得以下几方面的知识和能力：

（1）具有较扎实的科学文化基础，包括数学等方面的基本理论和知识。

（2）掌握统计学基本理论、基本知识和基本技能。

（3）掌握计算机科学基本理论、基本知识和基本技能，具有较强的计算机操作能力。

（4）掌握大数据理论、方法和应用技能，具备解决数据分析各阶段问题以及大数据应用系统软件开发等专业领域的实际问题的能力。

（5）熟悉国家大数据产业政策及国内外有关知识产权的法律法规。

（6）了解大数据产业相关技术的发展前沿、应用前景和最新行业动态。

（7）具有较强的管理学、经济学理论知识和方法。

（8）掌握和运用英语，能借助词典阅读本专业英文书刊和用英文撰写论文摘要，具有一定的听说能力。

（9）熟练书写 IT 文档及具有良好口头表达能力。

三、修业年限及授予学位

修业年限：4 年。

授予学位：工学学士学位。

四、主干学科和主要课程

主干学科：计算机科学与技术、统计学、数学。

主要课程：JAVA 面向对象程序设计、算法与数据结构、计算机组织与结构、计算机网络、Linux 操作系统、概率与数理统计、大数据系统、人工智能语言基础、大数据分析、数据挖掘、数据处理及可视化、分布式数据库、大数据编程技术、IT 专业文档写作。

五、毕业学分基本要求

学分类别		学分
类别	专业教育	89
	通识教育	18
	完满教育	18
	商科教育	16
合计	168 学分（其中实践 50.5 学分）	

六、课程设置及学分/学时学期分配表

1. 第一学期

序号	课程编号	课程名称	学分/学时	理论	实验（践）	考核方式	备注
1	380001	创意写作 Creative Writing	2/32	2/32			通识课程

续表

序号	课程编号	课程名称	学分/学时	理论	实验（践）	考核方式	备注
2	030155	移动商务时代的品牌与营销管理 Brand and Marketing Management in the Era of Mobile Commerce	2/32	2/32			商科课程
3	410011	思想道德修养与法律基础 Ideological Education and Fundamentals of Law	2/48	2/32	0/16		
4	400001	体育（1） Physical Education（1）	1/32		1/32		
5	040001	大学英语（1） College English（1）	3/48	3/48			
6	450008	高等数学（1） Higher Mathematics（1）	4/64	4/64			
7	610023	大学生心理健康教育（1） College Students' Mental Health Education（1）	0.5/16	0.5/16			
8	230004	大学生创新创业基础 Basics for College Students' Entrepreneurship	1/16	1/16			
9	020192	计算机科学导论 Introduction to Computer Science	2/40	1/16	1/24		
10	020227	程序设计基础 Programming Foundation	4/80	2/32	2/48		
11	610021	军事课 Military Course	2	1/36	1/2 周		
12	610032	安全教育（含入学教育）（1） Safety Education（Including Entrance Education）（1）	0/16	0/8	0/8		
13	610022	形势与政策（1） Situation and Policy（1）	0/8	0/8			
		小计	23.5	18.5	5		

2. 第二学期

序号	课程编号	课程名称	学分/学时	理论	实验（践）	考核方式	备注
14	470028	苏格拉底、孔子所开创的世界 The World Created by Socrates Confucius	2/32	2/32			通识课程
15		通识选修模块二 Elective Courses for General Education Module 2	2/32	2/32			
16	030070	财务管理 Financial Management	2/32	2/32			商科课程
17	410018	中国近现代史纲要 Compendium of Modern Chinese History	3/48	3/48			
18	400002	体育（2） Physical Education（2）	1/32		1/32		
19	040101	大学英语（2） College English（2）	3/48	3/48			
20	450002	高等数学（2） Higher Mathematics（2）	5/80	5/80			
21	450003	线性代数 Linear Algebra	2/32	2/32			
22	450208	大学物理（A） College Physics（A）	3/48	3/48			
23	450209	物理实验（A） College Physics Experiment（A）	2/32		2/32		
24	230006	大学生职业发展与就业指导 Guidance for College Students Vocational Development and Employment	1/16	1/16			
25	020204	Linux 操作系统 Linux Operation System	3/64	1/16	2/48		
26	610033	安全教育（2） Safety Education（2）	0/8	0/8			
27	610024	形势与政策（2） Situation and Policy（2）	0/8	0/8			
		小计	29	24	5		

3. 第三学期

序号	课程编号	课程名称	学分/学时	理论	实验（践）	考核方式	备注
28	470012	正义论 On Justice	2/32	2/32			通识课程
29		通识选修模块三 Elective Courses for General Education Module 3	2/32	2/32			
30	410013	毛泽东思想和中国特色社会主义理论体系概论 Introduction to Mao Zedong Thought and the Theoretical System of Socialism with Chinese Characteristics	4/64	4/64	0/32		
31	400003	体育（3） Physical Education（3）	1/32		1/32		
32	040102	大学英语（3） College English（3）	3/48	3/48			
33	060029	电工电子学 Electrical and Electronic Engineering	4/64	3/48	1/16		
34	030120	人力资源管理 Financial Management	2/32	2/32			商科课程
35	420002	拓展训练 Outward Training	0.5		0.5		
36	020253	面向对象程序设计 Object Oriented Programming Design	2.5/52	1/16	1.5/36		
37	020039	算法与数据结构 Algorithm and Data Structure	3/56	2/32	1/24		
38	610034	安全教育（3） Safety Education（3）	0/8	0/8			
39	610025	形势与政策（3） Situation and Policy（3）	0/8	0/8			
		小计	24	19	5		

4. 第四学期

序号	课程编号	课程名称	学分/学时	理论	实验（践）	考核方式	备注
40	470005	欧洲文明的现代历程 Modern Journey of European Civilization	2/32	2/32			通识课程
41	470003	从小说到电影 From Novel to Film	2/32	2/32			通识课程
42	030157	消费者心理学 Consumer Psychology	2/32	2/32			商科课程
43		商科选修课 Business Electives					
44	410017	马克思主义基本原理 Basic Principles of Marxism	3/48	3/48			
45	400004	体育（4） Physical Education（4）	1/32		1/32		
46	040095	大学英语（4） College English（4）	3/48	3/48			
47	450006	概率论与数理统计 Probability Theory and Mathematical Statistics	3/48	3/48			
48	020254	数据库应用技术（Mysql） Database Application Technology（Mysql）	2.5/52	1/16	1.5/36		
49	020201	计算机网络 Computer Network	3/56	2/32	1/24		
50	020255	面向对象课程设计 Object Oriented Curriculum Design	1/16		1/4 周		1～4 周
51	610035	安全教育（4） Safety Education（4）	0/8	0/8			
52	610026	形势与政策（4） Situation and Policy（4）	0/8	0/8			
		小计	22.5	18	4.5		

5. 第五学期

序号	课程编号	课程名称	学分/学时	理论	实验（践）	考核方式	备注
53	030074	组织行为学 Organizational Behavior	2/32	2/32			商科课程
54		通识选修模块一 Elective Courses for General Education Module 1	2/32	2/32			
55	430009	职场关键能力 Key Career Abilities	1/16	1/16			
56	451004	离散数学 Discrete Mathematics	3/48	3/48			
57		商科选修课 Business Electives					
58	020270	大数据编程技术 Big Data Programming Technology	3/64	1/16	2/48		
59	020256	大数据系统 Big Data System	2/40	1/16	1/24		
60	020257	计算机组织与结构 Computer Organization and Architecture	2.5/44	2/32	0.5/12		
61	020264	虚拟化与云计算 Virtualization and Cloud Computing	3/56	2/32	1/24		
62	020258	人工智能语言基础 The Language Foundation of Artificial Intelligence	2/40	1/16	1/24		
63	020290	IT 专业英语 Professional English of IT	1.5/24	1.5/24			
64	610036	安全教育（5） Safety Education（5）	0/8	0/8			
65	610027	形势与政策（5） Situation and Policy（5）	0/8	0/8			
		小计	22	16.5	5.5		

6. 第六学期

序号	课程编号	课程名称	学分/学时	理论	实验（践）	考核方式	备注
66	470032	生活中的经济学 The Economics of Life	2/32	2/32			通识课程
67	610008	名家讲坛 Celebrity Forum	2/32	2/32		考查	任选1门
68	610014	名师课堂 Top – Teacher Class	2/32	2/32		考查	
69	030156	"互联网＋"时代的企业战略管理 Enterprise Strategic Management in the Era of "Internet Plus"	2/32	2/32			商科课程
70		商科选修课 Business Electives	4	4			
71	020261	IT专业文档写作 IT Professional Document Writing	1/16	1/16			
72		全校任选课 Optional Courses of the Whole School	2/32	2/32			
73	020263	数据处理及可视化 Data Processing and Visualization	3/56	2/32	1/24		
74	020266	编程设计模式 Programming Design Patterns	3/56	2/32	1/24		
75	020267	数据挖掘技术 Data Mining Technology	3/56	2/32	1/24		
76	020268	大数据系统课程设计 Big Data System Comprehensive Design	1/24		1/24		
77	610031	大学生心理健康教育（2） College Students' Mental Health Education（2）	0.5/16	0.5/16			
78	610037	安全教育（6） Safety Education（6）	0/8	0/8			

续表

序号	课程编号	课程名称	学分/学时	理论	实验（践）	考核方式	备注
79	610028	形势与政策（6） Situation and Policy（6）	0/8	0/8			
		小计	23.5	19.5	4		

注："名家讲坛"和"名师课堂"两门课程由名师课堂办公室和学生处统筹协调安排，并在第七学期第8周之前完成成绩的录入工作。为便于系统成绩的录入，课程编号在教务系统显示为610019，课程名称在系统显示为：名家讲坛（名师课堂）。

7. 第七学期

序号	课程编号	课程名称	学分/学时	理论	实验（践）	考核方式	备注
80	020269	大数据项目实训 Big Data Comprehensive Training	2/48		2/48		前8周
81	020187	未来信息技术 Future Information Technology	1/16	1/16			前8周
82	020271	分布式数据库 Distributed Database	2/40	1/16	1/24		前8周
83	630006	校园社团活动（含社会实践） Campus Activity and Social Practice	2		2		
84	630002	志愿者服务（含社会工作、公益活动） Volunteering	2		2		
85	630003	艺术修养与实践 Artistic Accomplishment and Practice	2		2		
86	630005	竞技体育 Competitive Sports	1.5		1.5		
87	230005	大学生创新创业实践 College Students Innovation and Entrepreneurship Practice	1/16		1/16		

续表

序号	课程编号	课程名称	学分/学时	理论	实验（践）	考核方式	备注
88	020129	毕业实习 Graduation Practice	4		4/6 周		
89	610038	安全教育（7） Safety Education（7）	0/8	0/8			
90	610029	形势与政策（7） Situation and Policy（7）	0/8	0/8			
		小计	17.5	2	15.5		

注：①630006"校园社团活动（含社会实践）"、630002"志愿者服务（含社会工作、公益活动）"、630003"艺术修养与实践"、630005"竞技体育"、230005"大学生创新创业实践"应在第七学期第8周之前完成，并在第七学期向教务处报送该门课程的最终成绩。②应在通识选修课中选修6门，共完成12学分，并在第七学期之前全部完成。

8. 第八学期

序号	课程编号	课程名称	学分/学时	理论	实验（践）	考核方式	备注
91	020130	毕业设计（论文） Graduation Project（Thesis）	6		6/12		
92	610039	安全教育（8） Safety Education（8）	0/8	0/8			
93	610030	形势与政策（8） Situation and Policy（8）	2/8		2/8		学分不计入总学分
		小计	6		6		

（二）大数据管理与应用专业人才培养方案

1. 专业简介

大数据管理与应用专业设在移通学院下属的数字经济与信息管理学院（原管理工程系），该学院成立于2005年。本学院以数字经济、大数据、企业信息化及商业管理为中心发展专业群建设，下设大数据管理与应用、信息管理与信息系统、供应链管理、工程管理、资产评估 5 个专业。

大数据管理与应用专业是顺应当前大数据、人工智能产业发展需求而设立的新专业（2018 年申报，2019 年经教育部审批通过，同年 9 月开始招收第一批学生），旨在培养学生数据采集、数据处理、数据分析、数据应用的综合能力，为国家经济社会发展输送大数据管理人才。

2. 培养方案

大数据管理与应用专业培养方案
（专业代码：120108T）

一、人才培养定位、目标和特色

本专业培养德智体美劳全面发展，满足社会大数据产业发展所需的，具有良好职业道德，具备系统的数学与统计学、计算机科学、大数据科学和管理学素养，掌握数学与统计学、计算机科学、大数据科学和管理学的基本原理、方法和技能，受到科学研究的初步训练，掌握数据采集、存储、分析与应用的基本理论、基本知识、基本方法和实践技能，具有数据采集、存储、分析与应用的基本能力，能在 IT、零售、金融、制造、物流、医疗、教育、行政事业单位等行业从事大数据的管理、分析及应用等工作，或在科研、教育部门从事大数据研究、咨询、教育培训工作的应用型、复合型高级管理人才。

特色：大数据管理与应用专业人才培养方案强化以应用型人才培养为导向的学科专业建设，注重以应用型人才培养为目标的课程和教学体系建设，完善以提升应用型人才培养质量为指导的教学支持和保障体系建设。

二、专业培养规格及要求

1. 思想品德要求

热爱祖国，热爱学校，拥护中国共产党领导，树立正确的人生观、世界观、价值观，勤奋好学，遵纪守法，诚实守信，团结友爱，勤俭节约，文明礼貌，具有为现代化建设服务的志向和责任感。

2. 综合素质要求

（1）具有现代公民的义务和权利意识及为社会服务的公益意识；具有科学

精神、人文素养和一定的自然科学基础；视野开阔，有一定的跨学科、跨文化铺垫，能独立思考、善于质疑，养成批判性思维；具有一定艺术修养和审美能力；具有良好的团队精神和有效的沟通、协调和合作能力；具有较强的创新意识和创新能力。

（2）具备良好的组织能力，形成领导者的责任意识，能够适应竞争，不断学习，淬炼自己。

（3）具有较强的计算机操作能力，达到全国计算机等级考试二级水平。

（4）能较好地运用英语，借助词典阅读本专业英文书刊和用英文撰写论文摘要，具有一定的听说能力，通过全国大学英语四级考试或学校大学英语水平考试。

（5）具有较强的科技交流能力，能用流畅、规范的语言，口头表达及撰写科技论文。

3. 专业要求

（1）熟悉掌握大数据管理与应用的核心专业知识和应用技术，包括数据采集技术、数据获取渠道与方法、数据运算算法和软件工具、数据存储尤其是非结构化数据存储技术、数据分析与数据挖掘技术、数据可视化技术、数据安全管理技术等。

（2）具备从事大数据管理与应用的能力，特别是在数据采集、数据预处理、数据存储、数据分析与可视化、数据安全管理等方面有系统的学习；有良好的沟通能力，能够挖掘数据价值和呈现数据结果；具备发现、分析和解决实际数据应用问题的能力。

（3）具有基本的经济分析能力，对社会经济现象可以进行初步的分析。

（4）掌握大数据的基本原理和方法，具有大数据与商务分析、大数据与商务智能、大数据金融等相结合的分析能力。

（5）具备综合运用所学的专业知识处理大数据获取以及对结构化、半结构化和非结构化数据的处理与分析等方面的实践能力。

4. 体育要求

学生应掌握一定的体育基本知识，积极参加体育锻炼，达到规定的大学生体育锻炼标准，具有良好的个性，健全的人格；具有健康的体魄和良好的心理素质。

三、修业年限及授予学位

修业年限：四年。

授予学位：管理学学士。

四、主干学科和专业课程

主干学科：管理科学与工程、计算机科学与技术、统计学。

专业基础课程：经济学原理（4学分）、管理学原理（3学分）、C语言程序设计（2+2学分）、大数据与市场营销（2学分）、数据结构（2学分）、数据库系统原理与应用（2+1学分）、计算机网络技术（2+1学分）、数据分析及统计应用（3学分）、运筹学原理（3学分）、大数据管理导论（2学分）。

专业核心课程：Python语言程序设计（2学分）、Python语言程序设计课程设计（1学分）、管理信息系统（2.5+0.5学分）、信息安全管理（2.5+0.5学分）、大数据分析与计算（2+1学分）、大数据挖掘应用综合实验（1学分）、商务数据分析综合实验（1学分）、数据仓库与数据挖掘（2学分）、社交网络分析（2+1学分）、电子商务与网络营销（2学分）。

专业选修课程：Python数据分析处理（2+1学分）、R语言数据分析与建模（2+1学分）、互联网大数据挖掘与应用（2学分）、多元统计分析与R建模（2学分）。

五、毕业学分基本要求

学分类别		学分
类别	商科教育	16
	完满教育	45
	通识教育	18
	专业教育	79
合计	158学分（其中实践36学分）	

六、课程设置及学分/学时学期分配表

1. 第一学期

序号	课程编号	课程名称	学分/学时	理论	实验（践）	考核方式	备注
1	380001	创意写作 Creative Writing	2/32	2/32			

续表

序号	课程编号	课程名称	学分/学时	理论	实验（践）	考核方式	备注
2	030155	移动商务时代的品牌与营销管理 Brand and Marketing Management in the Era of Mobile Commerce	2/32	2/32			商科课程
3	410018	中国近现代史纲要 Compendium of Modern Chinese History	3/48	3/48			
4	400001	体育（1） Physical Education（1）	1/32		1/32		
5	040001	大学英语（1） College English（1）	3/48	3/48			
6	020191	大学计算机 Basics of Computer Science	2/32	1/16	1/16		
7	451008	高等数学（1） Higher Mathematics（1）	4/64	4/64			
8	610021	军事课 Military Courses	2/36	1/36	1/2 周		
9	610023	大学生心理健康教育（1） Guidance for College Students' Mental Health	0.5/16	0.5/16			
10	610032	安全教育（含入学教育）（1） Safety Education（Including Entrance Education）（1）	0/16	0/8	0/8		
11	610022	形势与政策（1） Situation and Policy（1）	0/8	0/8			
		小计	19.5	16.5	3		

2. 第二学期

序号	课程编号	课程名称	学分/学时	理论	实验（践）	考核方式	备注
12	470028	苏格拉底、孔子所开创的世界 The World Created by Socrates Confucius	2/32	2/32			
13	030070	财务管理 Financial Management	2/32	2/32			商科课程
14		通识选修模块三 Elective Courses for General Education Module 3	2/32	2/32			
15	410011	思想道德修养与法律基础 Ideological Education and Fundamentals of Law	2/48	2/32	0/16		
16	400002	体育（2） Physical Education（2）	1/32		1/32		
17	040101	大学英语（2） College English（2）	3/48	3/48			
18	451011	高等数学（2） Higher Mathematics（2）	3/48	3/48			
19	020149	C 语言程序设计 C Language Programming	4/64	2/32	2/32		
20	070087	管理学原理 Principles of Management	3/48	3/48			
21	230004	大学生创新创业基础 Basics for College Students' Entrepreneurship	1/16	1/16			
22	230006	大学生职业发展与就业指导 Guidance for College Students Vocational Development and Employment	1/16	1/16			
23	420002	拓展训练 Expand Training	0.5		0.5		

续表

序号	课程编号	课程名称	学分/学时	理论	实验（践）	考核方式	备注
24	610024	形势与政策（2） Situation and Policy（2）	0/8	0/8			
25	610033	安全教育（2） Safety Education（2）	0/8	0/8			
		小计	24.5	21	3.5		

3. 第三学期

序号	课程编号	课程名称	学分/学时	理论	实验（践）	考核方式	备注
26	470012	正义论 On Justice	2/32	2/32			
27		通识选修模块一 Elective Courses for General Education Module 1	2/32	2/32			
28	030120	人力资源管理 Human Resources Management	2/32	2/32			商科课程
29	410017	马克思主义基本原理 Basic Principles of Marxism	3/48	3/48			
30	400003	体育（3） Physical Education（3）	1/32		1/32		
31	040102	大学英语（3） College English（3）	3/48	3/48			
32	451003	线性代数 Linear Algebra	2/32	2/32			
33	450006	概率论与数理统计 Probability Theory and Mathematical Statistics	3/48	3/48			
34	070192	大数据管理导论 Introduction to the Big Data Management	2/32	2/32			

续表

序号	课程编号	课程名称	学分/学时	理论	实验（践）	考核方式	备注
35	070088	经济学原理 Principles of Economics	4/64	4/64			
36	610025	形势与政策（3） Situation and Policy（3）	0/8	0/8			
37	610034	安全教育（3） Safety Education（3）	0/8	0/8			
		小计	24	23	1		

4. 第四学期

序号	课程编号	课程名称	学分/学时	理论	实验（践）	考核方式	备注
38	470003	从小说到电影 From Novel to Film	2/32	2/32			
39	470005	欧洲文明的现代历程 Modern Journey of European Civilization	2/32	2/32			
40	030157	消费心理学 Consumer Psychology	2/32	2/32			商科课程
41		商科选修课 Business Electives					商科课程
42	410013	毛泽东思想和中国特色社会主义理论体系概论 Introduction to Mao Zedong Thought and the Theoretical System of Socialism with Chinese Characteristics	4/96	4/64	(0/32)		
43	400004	体育（4） Physical Education（4）	1/32		1/32		

序号	课程编号	课程名称	学分/学时	理论	实验（践）	考核方式	备注
44	040095	大学英语（4） College English（4）	3/48	3/48			
45	070159	Python 语言程序设计 Python Language Programming	2/32	2/32			
46	070160	Python 语言程序设计课程设计 Python Language Programming	1/16		1/16		
47	070163	数据库系统原理与应用 Database System Principle and Application	3/48	2/32	1/16		
48	020119	数据结构 Data Structure	2/32	2/32			
49	610026	形势与政策（4） Situation and Policy（4）	0/8	0/8			
50	610035	安全教育（4） Safety Education（4）	0/8	0/8			
小计			22	19	3		

5. 第五学期

序号	课程编号	课程名称	学分/学时	理论	实验（践）	考核方式	备注
51		通识选修模块二 Elective Courses for General Education Module 2	2/32	2/32			
52	470008	信息技术与社会 Information Technology and the Society	2/32	2/32			
53	030074	组织行为学 Organizational Behavior	2/32	2/32			商科课程

续表

序号	课程编号	课程名称	学分/学时	理论	实验（践）	考核方式	备注
54		商科选修课 Business Electives					商科课程
55	070069	运筹学原理 Operations Research Principle	3/48	3/48			
56	070068	数据分析及统计应用 Data Analysis and Statistical Applications	3/48	3/48			
57	070067	计算机网络技术 Computer Network Technology	3/48	2/32	1/16		
58	070193	大数据分析与计算 Big Data Analytics and Computation	3/48	2/32	1/16		
59	070194	Python 数据分析处理 Python Data Analysis Processing	3/48	2/32	1/16		任选1门
60	070195	R 语言数据分析与建模 R Language Data Analysis and Modeling	3/48	2/32	1/16		
61	430009	职场关键能力 Key Career Abilities	1/16	1/16			
62	610027	形势与政策（5） Situation and Policy（5）	0/8	0/8			
63	610036	安全教育（5） Safety Education（5）	0/8	0/8			
		小计	22	19	3		

6. 第六学期

序号	课程编号	课程名称	学分/学时	理论	实验（践）	考核方式	备注
64	030156	"互联网＋"时代的企业战略管理 Enterprise Strategic Management in the Era of "Internet Plus"	2/32	2/32			商科课程

续表

序号	课程编号	课程名称	学分/学时	理论	实验（践）	考核方式	备注
65		商科选修课 Business Electives	4/64	4/64			商科课程
66	070034	管理信息系统 Management Information System	3/48	2.5/40	0.5/8		
67	070162	信息安全管理 Information Security Management	3/48	2.5/40	0.5/8		
68	070196	社交网络分析 Social Network Analysis	3/48	2/48	1/16		
69	070197	互联网大数据挖掘与应用 Internet Big Data Mining and Application	2/32	2/32		创新创业专业课	任选1门
70	070198	多元统计分析与 R 建模 Multivariate Statistical Analysis and R Modeling	2/32	2/32		创新创业专业课	
71	070199	大数据挖掘应用综合实验 Comprehensive Experiments on Application of Big Data Mining	1/16		1/16		
72	070200	数据仓库与数据挖掘 Data Warehouse and Data Mining	2/32	2/32			
73	610031	大学生心理健康教育（2） Guidance for College Students' Mental Health	0.5/16	0.5/16			
74	610008	名家讲坛 Celebrity Forum	2/32	2/32		考查	任选1门
75	610014	名师课堂 Top – teacher Class	2/32	2/32		考查	
76	610028	形势与政策（6） Situation and Policy（6）	0/8	0/8			
77	610037	安全教育（6） Safety Education（6）	0/8	0/8			
		小计	22.5	19.5	3		

注：①"名家讲坛"和"名师课堂"两门课程由名师课堂办公室和学生处统筹协调安排，并在第七学期第8周之前完成成绩的录入工作。为便于系统成绩的录入，课程编号在教务系统显示为610019，课程名称在系统显示为：名家讲坛（名师课堂）。②应在通识选修课模块中选修3门，共完成6学分，并在第六学期之前全部完成。③在第四学期至第六学期，应在商科选修课中选修2门，共完成4学分。

7. 第七学期

序号	课程编号	课程名称	学分/学时	理论	实验（践）	考核方式	备注
78	070170	电子商务与网络营销 Electronic Commerce and Network Marketing	2/32	2/32			
79	070171	商务数据分析综合实验 Comprehensive Experiments on Business Data Analysis	1/16		1/16		
80		全校任选课 Optional Courses of the Whole School	2/32	2/32			在全校任选课程中选择一门2学分或两门1学分课程
81	070063	毕业实习 Graduation Practice	4		4/8 周		
82	630006	校园社团活动（含社会实践） Campus Activity and Social Practice	2		2		
83	630002	志愿者服务（含社会工作、公益活动） Volunteering	2		2		
84	630003	艺术修养与实践 Artistic Accomplishment and Practice	2		2		
85	630005	竞技体育 Competitive Sports	1.5		1.5		
86	230005	大学生创新创业实践 Practice for College Students' Entrepreneurship	1/16		1/16		
87	610029	形势与政策（7） Situation and Policy（7）	0/8	0/8			
88	610038	安全教育（7） Safety Education（7）	0/8	0/8			
		小计	17.5	4	13.5		

注：①630006"校园社团活动（含社会实践）"、630002"志愿者服务（含社会工作、公益活动）"、630003"艺术修养与实践"、630005"竞技体育"、230005"大学生创新创业实践"应在第七学期第8周之前完成，并在第七学期向教务处报送该门课程的最终成绩。②应在第七学期前修满全校任选课2学分。

8. 第八学期

序号	课程编号	课程名称	学分/学时	理论	实验(践)	考核方式	备注
89	070064	毕业设计（论文） Graduation Project（Thesis）	6		6/12		
90	610030	形势与政策（8） Situation and Policy（8）	2/8		2/8		学分不计入总学分
91	610039	安全教育（8） Safety Education（8）	0/8	0/8			
		小计	6		6		

（三）信息管理与信息系统专业人才培养方案

1. 专业简介

移通学院信息管理与信息系统专业（以下简称信管专业）设在移通学院下属的数字经济与信息管理学院。该学院2005年招收第一批学生，截至目前已招收16届学生，累计输送毕业生2000余人。

早期移通学院信管专业的培养目标是，培养具有一定的创新能力和领导潜质，具备良好的数理基础、管理学和经济学理论知识、信息技术知识及应用能力，掌握信息系统的规划、分析、设计、实施和管理等方面的方法与技术，具有一定的信息系统和信息资源开发利用实践和研究能力，能够在国家政府部门、企事业单位、科研机构等组织从事信息系统建设与信息管理的复合型高级专门人才。

随着信息化在各行各业的普遍应用，信管专业人才培养既符合社会经济社会发展需求，也与移通学院发展定位一致。2011年，信管专业申报成为移通学院校核心专业，其后本专业得到进一步发展。2014年，信管专业开始积极转型大数据人才培养，顺应新时代大数据、人工智能产业的发展需求，探索大数据人才培养特色，服务信息产业和地方经济发展需求，旨在培养学生具备系统开发、数据分析、商务智能方面的专业能力，满足当前大数据时代的人才需求。

2018年9月，信管专业申报重庆市本科高校大数据智能化类特色专业建设项目并立项建设，随后，2019年申报国家"双万计划"重庆市一流专业并立项建设。目前，信管专业建设团队正在有条不紊地对标大数据智能化类特色专业的建设要求和国家"双万计划"重庆市一流专业的建设要求，按照申报书的建设内容和时间进度开展相关工作，重点探索面向信息产业和重庆市本地经济发展的特色人才培养模式，加强行业大数据人才培养深度，尤其是在学校信息产业商学院的办学定位下，根据学院专业群发展定位，积极探索"人工智能＋学科群"的建设问题。

本专业毕业学生可从事数据分析与处理、系统分析与设计、软件开发、商务智能等工作，可在银行、证券、保险等金融公司，互联网企业、电商企业、软件开发公司等国内大中小型 IT 企业及传统企业就职。往届优秀毕业生主要就业去向为：考研及留学，腾讯、今日头条、360、会计事务所、用友软件、猪八戒网、华龙网、信息咨询公司、国有企事业单位［重庆机场、中国联通（重庆）、中国电信（石家庄）、中国移动（贵州）、平安保险、云南国家税务局］等知名企业。

2. 信管专业转型培养大数据人才的背景分析

（1）信管专业大数据人才培养的必要性和可行性分析。

1）必要性。信管专业设立之初的目的是培养系统地设计数据、处理应用系统的专业人才，移通学院的信管专业也不例外。随着信息技术的飞速发展，原有的学科设计理念和制度安排逐渐跟不上信息时代对信息人才的要求。专业定位不清、人才培养模式单一、课程体系特色不明显、师资力量薄弱、就业宽泛不精专等问题制约着信管专业的深入发展。尤其是在大数据时代背景下，社会对信管专业人才提出了更高要求，加上大数据人才的极度匮乏，信管专业迎合契机，转型培养大数据人才就非常有必要了。

2）可行性。信管专业自成立以来，已经发展了近 20 年。在这 20 年中，信管专业已累积了一定的教育资源，其作为与大数据科学与技术最接近的专业之一，在大数据人才培养方面具有得天独厚的先天优势。它以信息、信息技术、信息系统为重点关注对象，旨在解决信息资源管理与应用的一系列重要问题，为科研和管理决策提供高质量的信息服务，这与大数据的数据收集、数据存储、数据处理、数据分析、数据应用的逻辑思路一致。尽管大数据时代与小数据时代在数据分析方面有着本质不同，表现在处理海量杂乱无章的非结构化数据的收集、清洗、转换、挖掘等技术不同和应用数据的思维不同，因此信管专业人才与大数据人才有交叉相似性却不能完全等同，但是信管专业在原有教育优势基础上，结合大数据人才需求特点，通过调整专业培养方向、课程体系、培养方式，转型培养大数据人才还是可行的。例如，2014年4月，贵州大学成立大数据与信息工程学院，通过整合学校原有的信管专业和物联网工程专业设立大数据科学与工程系，以期培养电商大数据和物联网大数据采集与分析的中高端人才；山东理工大学信管专业在大数据环境下，重新定位专业培养目标和标准，突破国内信管专业传统的培养模式，强调学生不但要掌握现代信息系统的规划、分析、设计、实施和运维等方面的方法与技术，更要具有现代管理科学思想和较强的信息系统开发利用以及数据分析处理能力，以适应"大数据"对专业人才提出的新要求；贵州民族大学在2013级信管本科专业中实施大数据人才培养教学改革，提出通过课程置换方式在信息管理和信息系统、计算机科学与技术、信息与计算科学三个专业中联合培养大数据人才。

可见，信管专业培养大数据人才是必要且可行的，很多高校正在实践中。大数据人才培养从顶层的战略规划开始，到多学科专业融合，最终落实在具体的专业课程和培养方式中。

（2）信管专业大数据人才培养的现状分析。在已有实践应用和文献中，对信管专业培养大数据人才的研究主要分为两大类：一类是微观研究，以信管专业大数据人才培养的课程体系改革和培养模式调整为主；另一类是宏观研究，主要探讨大数据时代下信管专业建设问题和人才培养思路，研究内容包含微观层面的所有内容。例如，龚芳（2018）结合大数据时代对人才的需求特点，从教学体系、师资队伍、校企合作等方面提出了信管专业建设的几点对策；黄椰曼（2018）基于学生需求，以大学生对课程体系的直观感受出发，采用实证研究方式，研究得出课程体系建设包括课程内容体系、课程衔接性、课程辅助体系、课堂落实效果、学生培养能力、学院客观因素六大方面，并根据各主范畴间的关系提出增强课程衔接性、促进课程学科体系建设、拓展课程广度和深度、完善课程辅助体系、正视学院客观因素等建议；夏大文和张自力（2016）提出信管专业大数据人才培养的思路，即大数据人才培养的顶层设计，围绕着顶层设计进行课程体系改革，最后进行教育教学改革。

鉴于此，信管专业有必要且转型大数据人才培养切实可行（刘贵容、王永周、秦春蓉，2018）。

3. 转型培养应用型大数据人才的路径分析

由图3-1的模型可知，信管专业人才与大数据人才既有交叉性也有差异性，因此信管专业培养大数据人才的首要路径是厘清社会对大数据人才需求的界定、类型、特点及岗位职责要求，再总结分析与信管人才的区别，才能有针对性地培养社会所需的大数据人才。首先在原有专业优势基础上进行专业培养方向调整，将大数据人才培养作为信管专业人才培养的模块之一。其次围绕着大数据人才培养模块，进行课程体系、师资力量、培养模式的调整。最后结合最新的信管人才培养目标进行招生与就业方面的调整，最终形成"招生—在校培养—就业"为一体的良性循环路径，如图4-1所示。

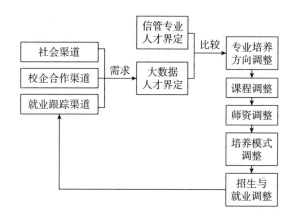

图4-1　信管专业大数据人才培养的路径分析

（1）大数据人才界定。大数据人才与原信管专业的数据人才是否一致，直接影响到后续的专业方向、课程设置、师资力量和培养方式是否需要调整的问题。因此，界定大数据人才，找出大数据人才与信管专业人才的区别所在是所有工作的基础和源头。

在掌握社会对大数据人才的需求方面，具体的路径有：通过校企合作、实地调研等方式直接掌握企业需求；通过社会渠道、政府渠道间接掌握企业需求；通过已毕业学生的就业跟踪来实时掌握企业需求。在获得社会对大数据人才的需求后，界定大数据人才的类型与层次，然后与信管专业人才进行比较，找出两者的差别，再分析哪些大数据人才是信管专业可以培养的，哪类人才是目前不能转型培养的，以便开展后续的培养工作。

移通学院信管专业通过社会渠道和政府渠道了解到大数据的发展趋势和大数据人才需求的紧迫性，积极开展大数据人才培养的探索。首先与重庆至道医院管理股份有限公司签订了校企合作协议，成立了重庆至道健康医疗大数据应用研究中心，联合培养医疗大数据应用人才。通过对重庆至道医疗大数据人才需求的实地调研后，信管专业进行了后续的专业培养方向调整。

（2）专业培养方向。综合我国各高校的信管专业，原来的人才培养方向集中在信息资源管理（如武汉大学）、信息技术的开发与应用（如西安交通大学和北京航空航天大学）、数学基础理论和信息技术理论基础（如中国科技大学和复旦大学）几个模块。在大数据背景下，各个高校应该根据自身情况调整培养方向，形成各自的专业特色，满足数据人才的培养需求。

移通学院信管专业在大数据人才培养的新形势下，将原培养方向调整为数据分析、信息系统设计与开发、商业信息系统应用与管理三个人才培养方向，如图4-2所示。其中，数据分析模块培养大数据人才，面向对大数据感兴趣并愿意从事大数据工作的学生；系统设计与开发模块培养信息系统设计与开发的信管专业人才，面向对系统设计、开发语言感兴趣的学生；而商业信息系统应用与管理模块培养复合型人才，既能根据企业业务流程进行系统开发与应用，还能利用大数据工具对系统的应用数据进行大数据分析，实现商业智能化。调整后的专业培养方向，数据分析模块培养学生掌握数据分析工具，能进行数据架构、收集、处理、加工、清洗、统计分析等基本技能，而商业信息系统应用与管理则是进一步将大数据技能融入各行各业的运营中，培养具备数据分析、数据应用的高级数据人才。

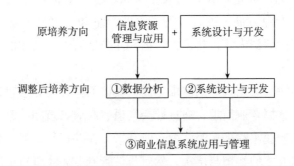

图4-2　大数据时代下移通学院信管专业培养方向的调整

（3）课程体系。围绕着人才培养模块，再进行课程体系设置，尤其是大数据人才培养模块，要开设适合大数据时代要求的新兴课程。在数据结构、数据库系统原理等基础课中增加非结构化数据组织、分布式文件存储、分布式数据库系统、NoSQL、分布式密集数据处理等方面的课程。在数据分析及应用方面，新增数据分析及统计应用、大数据与市场营销、大数据技术及应用、互联网数据分析与应用等新兴课程，并在这些课程中加强数据清洗、数据准备、数据深度分析等教学内容。

移通信管专业的具体做法是：系统设计与开发人才培养模块涉及的课程不变，而数据分析模块的课程根据校企合作企业的要求，重新调整课程体系，培养数据人才。在数据结构、数据库系统原理等基础课中增加了非结构化数据组织、分布式文件存储、分布式数据库系统、NoSQL、分布式密集数据处理等方面的课程。在拟定的 2017 级信管专业培养方案中，大数据人才培养模块的课程有：概率论与数理统计、数据库系统（SQL）技术及其应用、数据分析及统计应用、大数据与市场营销、大数据技术及应用、互联网数据分析与应用。这些课程加强了数据清洗、数据准备、数据深度分析等教学内容。商业信息系统应用与管理人才培养模块是在上述两种模块基础上，通过实际应用的方式，培养学生独立的系统设计、管理与应用的能力，课程上没有什么新增内容，但是在原管理信息系统、电子商务、客户关系管理、ERP 系统应用等课程基础上，通过融合商业流程管理与重组、业务流程数据收集与处理、数据分析与数据挖掘、系统设计与开发等专业素质培养应用型符合人才，尤其是在毕业设计阶段，以项目为导向，与校企合作单位联合指导毕业设计的方式，直接培养学生数据收集、存储、清洗、转换、分析与应用的实践能力。

（4）师资力量。在师资力量的调整方面，具体的路径和措施是高薪引进大数据高级人才和原师资队伍集体转型为主、已就业学生返校参与为辅。原信管专业师资队伍向大数据人才所需的师资队伍转型方面，具体的方法是鼓励教师自学、参加社会大数据技能培训、校企顶岗实习、校企导师"一对一"培训、报考大数据博士研究生等方式形成新的大数据师资人才梯队。通过与已毕业的且从事大数据相关工作的学生进行就业跟踪和互动交流，可以实时提供企业大数据人才需求信息，实时分享大数据最新发展动态，甚至邀请他们返校为师弟学妹们分享大数据从业经验与要求，开设培训课程。可见，从事大数据工作的已毕业学生可以成为大数据人才培养师资队伍中的有力补充。

移通学院信管专业全体教师，采取自主学习、外出培训、校企定岗实习的方式向大数据师资人才转型。目前移通学院信管专业从 2014 级学生开始培养大数据人才，由于学生尚未毕业，所以还没有可邀请的已毕业学生返校成为师资力量的有力补充。

（5）培养模式。在培养模式的调整方面，应对大数据应用实践性特点，采取了"理论＋实践"相结合的培养模式，而且偏向实践方面。具体做法是除利用信管专业原有的实训平台外，更加注重大数据实验平台的构建和应用。大数据实训平台涉及大数据分布式收集、存储、处理与分析、应用的全过程，因而大数据平台的构建非常难。首先，数据来源如何解决？其次，大型分布式数据收集与存储的硬件设备与场所如何解决？再次，大数据处理与分析的相关技术与算法如何获得？最后，指导老师如何构建大数据分析场景与目的，进而如何才能进行有效的数据分析与应用？目前，大数据实践培养模式是高校大数据人才培养的痛点与难点，没有很好的实际可执行的具体举措。对于有校企合作、校政合作的高校而言，实践培养模式相对容易落实，如贵阳大数据产业发展战略、上海数据研究中心、清华大学数据研究中心都可以为大数据人才培养提供较好的数据源、数据平台和数据分析技术与应用场景。

移通学院信管专业利用校企合作机会，借用至道医疗大数据公司共享的数据源、数据平台与技术、数据分析应用场景来培养大数据人才的实践能力。其具体做法是实行校内理论加校内上机实践，校企项目实践的培养模式。例如，应用统计学、大数据与市场营销、互联网数据分析等课程采取校内理论＋实验室上机实践的方式培养学生，每年寒暑假期间筛选优秀学生到企业实习，完成企业指定的项目分析，甚至在毕业设计阶段，企业导师通过数据项目指导与培养学生综合的数据处理能力。

（6）招生与就业。在招生与就业方面，需要根据大数据人才要求与特性，调整招生与就业策略。因为大数据人才属于高级复合型人才，要求学习者有敏锐的观察力与动手能力，还要求学习者有宽广的知识结构形成多学科的融合与交叉，所以不强求所有信管专业学生转型学习大数据。另外，学习者是否有兴趣从事大数据相关工作至关重要，如果没有兴趣将无法持续深入地学习并掌握枯燥、高深、单一的大数据技术和思想，无法实现大数据高级人才的培养目标。

多引进大数据公司来校招聘。对进入大数据行业的已毕业学生采取跟踪联系的方式，实时掌握大数据行业发展现状与用人需求。甚至可以邀请在大数据行业发展较好的往届生回校分享与培训，成为校师资力量的有力补充。

在大数据背景下，信管专业与时俱进，转型培养大数据人才，可以缓解当前发展受阻的问题。尽管信管专业是最贴近大数据的专业之一，但是，基于小数据时代背景下发展起来的信管专业及其人才培养与大数据时代下的数据分析人才有着本质区别，信管专业应该通过科学的专业方向调整、课程改革、师资重组、调整培养模式等方面的研究与实践，培养出社会所需的大数据人才。

移通学院信管专业的具体做法是：在 2014 级信管专业还没有进入就业环节时，就已推荐 2014 级和 2015 级学生到校企合作企业实习，推荐 2016 届和 2017 届毕业生到校企合作单位就业，且都采取了跟踪管理，但目前还没有邀请返校分享，也不是师资力量的组成部分。移通学院 2018 届毕业生是信管专业转型培养大数据人才的第一批毕业生。首先，在招生宣传期间，加大对大数据的宣传力度，扩大信管专业的招生规模。其次，对信管专业的所有在校生，通过专业介绍会和师生交流会，引导学生将学习兴趣和职业规划定位于大数据人才模块（见图4-3）。最后，在寒暑假和毕业设计阶段，有针对性地选择数据分析基础较好的且对大数据较有兴趣的学生，推荐到校企合作单位顶岗实习或参与数据项目或完成毕业论文（刘贵容、王永周、秦春蓉，2018）。

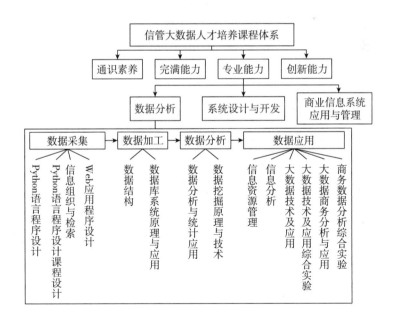

图4-3 信管专业人才培养方向及课程模块

4. 培养方案

信息管理与信息系统专业培养方案
专业代码：120102

一、人才培养定位、目标和特色

本专业旨在培养德智体美劳全面发展，适应国民经济和社会发展的实际需要，注重学生综合素质培养，培养拥有系统化管理思想和较高管理素质，掌握管理学与经济学基础理论以及信息与工程相关技术知识，掌握扎实的数据统计分析方法以及信息系统分析与设计的方法和实现技术，有一定的管理能力，在数据整合、信息安全和系统构建等岗位上能够从事数据分析、处理、信息系统安全防护和系统开发等工作，具备综合运用现代管理理论方法与信息技术解决管理问题的专业能力，能在国家各级管理部门、工商企业、金融机构、科研单位等工作领域从事信息系统建设及信息资源管理工作，具有一定创新思维和创业能力的高级复合型人才。

特色：本专业根据学校的特点，紧跟时代步伐和社会的需求，除注重要求培养学生掌握信息系统开发与设计的理论、原则和方法，掌握一定经济学、管理学等一系列重要专业知识外，还特别强调对信息的收集、存储、整理和利用，掌握大数据存储与分析处理能力，满足大数据时代对人才能力培养的期望，形成具有时代特点的专业特色。

二、专业培养规格及要求

1. 思想品德要求

热爱祖国，拥护中国共产党领导，掌握马克思主义、毛泽东思想和中国特色社会主义理论的基本原理，树立正确的世界观、人生观、价值观，具有为国家昌盛繁荣、为现代化建设服务的志向和责任感，勤奋学习，遵纪守法，诚实守信，团结友爱，勤俭节约，文明礼貌。

2. 综合素质要求

（1）具有现代公民的义务和权利意识及为社会服务的公益意识；具有科学精神、人文素养和一定的自然科学基础；视野开阔，有一定的跨学科、跨文化铺垫，能独立思考、善于质疑，养成批判性思维；具有一定艺术修养和审美能力；具有良好的团队精神和有效的沟通、协调和合作能力；具有较强的竞争意识。

（2）具备良好的组织能力，形成领导者的责任意识，能够适应竞争，不断学习，淬炼自己。

（3）具有较强的计算机操作能力，达到全国计算机等级考试二级水平。

（4）能较好地运用英语，借助词典阅读本专业英文书刊和用英文撰写论文摘要，具有一定的听说能力，通过全国大学英语四级考试或学校大学英语水平考试。

（5）具有较强的科技交流能力，能用流畅、规范的语言，口头表达及撰写科技论文。

3. 专业要求

（1）掌握和运用信息管理与信息系统专业所需的高等数学、概率论与数理统计、经济学、管理学等基础知识，为专业学习奠定坚实的基础。

（2）具有基本的经济分析能力，对社会经济现象可以进行初步的分析。

（3）掌握信息系统建设和信息资源管理的基础知识、相关的管理理论和方法，具备较强的信息组织、数据统计与处理能力及一定的信息分析咨询、信息决策及信息化管理能力。

（4）掌握大数据的基本原理和方法，具有初步的大数据与商务分析相结合的分析能力。

（5）具备综合运用所学的专业知识处理信息系统的开发与维护、信息资源管理等方面的实践能力。

4. 体育要求

学生应掌握一定的体育基本知识，积极参加体育锻炼，达到规定的大学生体育锻炼标准，具有健康的体魄和良好的心理素质。

三、修业年限及授予学位

修业年限：四年。

授予学位：管理学学士。

四、主干学科和专业课程

主干学科：管理科学与工程。

专业基础课程：经济学原理（4学分）、管理学原理（3学分）、大数据与市场营销（2学分）、C语言程序设计（2＋2学分）、数据结构（2学分）、数据库系统原理与应用（2+1学分）、计算机网络技术（2+1学分）、数据分析及统计应用（3学分）、运筹学原理（3学分）。

专业核心课程：Python语言程序设计（2学分）、Python语言程序设计课程设计（1学分）、管理信息系统（2.5+0.5学分）、信息安全管理（2.5+0.5学分）、Web应用程序设计（1+1学分）、大数据技术及应用综合实验（1学分）、商务数据分析综合实验（1学分）、数据挖掘原理与技术（2学分）、信息资源管理（2学分）、企业资源规划系统与应用（2+1学分）、信息系统分析与设计（3学分）、信息系统分析与设计课程设计（1学分）。

专业选修课程：大数据技术及应用（2学分）、机器学习（2学分）、大数据商务分析与应用（2学分）、电子商务与网络营销（2学分）。

五、毕业学分基本要求

学分类别		学分
类别	商科教育	16
	完满教育	45
	通识教育	18
	专业教育	79
合计	158学分（其中实践36学分）	

六、课程设置及学分/学时学期分配表

1. 第一学期

序号	课程编号	课程名称	学分/学时	理论	实验（践）	考核方式	备注
1	380001	创意写作 Creative Writing	2/32	2/32			
2	030155	移动商务时代的品牌与营销管理 Brand and Marketing Management in the Era of Mobile Commerce	2/32	2/32			商科课程
3	410018	中国近现代史纲要 Compendium of Modern Chinese History	3/48	3/48			

续表

序号	课程编号	课程名称	学分/学时	理论	实验（践）	考核方式	备注
4	400001	体育（1） Physical Education（1）	1/32		1/32		
5	040001	大学英语（1） College English（1）	3/48	3/48			
6	020191	大学计算机 Basics of Computer Science	2/32	1/16	1/16		
7	451008	高等数学（1） Higher Mathematics（1）	4/64	4/64			
8	610021	军事课 Military Courses	2/36	1/36	1/2 周		
9	610023	大学生心理健康教育（1） Guidance for College Students' Mental Health	0.5/16	0.5/16			
10	610032	安全教育（含入学教育）（1） Safety Education（Including Entrance Education）（1）	0/16	0/8	0/8		
11	610022	形势与政策（1） Situation and Policy（1）	0/8	0/8			
小计			19.5	16.5	3		

2. 第二学期

序号	课程编号	课程名称	学分/学时	理论	实验（践）	考核方式	备注
12	470028	苏格拉底、孔子所开创的世界 The World Created by Socrates Confucius	2/32	2/32			
13	030070	财务管理 Financial Management	2/32	2/32			商科课程
14		通识选修模块三 Elective Courses for General Education Module 3	2/32	2/32			

续表

序号	课程编号	课程名称	学分/学时	理论	实验(践)	考核方式	备注
15	410011	思想道德修养与法律基础 Ideological Education and Fundamentals of Law	2/48	2/32	0/16		
16	400002	体育（2） Physical Education（2）	1/32		1/32		
17	040101	大学英语（2） College English（2）	3/48	3/48			
18	451011	高等数学（2） Higher Mathematics（2）	3/48	3/48			
19	020149	C语言程序设计 C Language Programming	4/64	2/32	2/32		
20	070087	管理学原理 Principles of Management	3/48	3/48			
21	230004	大学生创新创业基础 Basics for College Students' Entrepreneurship	1/16	1/16			
22	230006	大学生职业发展与就业指导 Guidance for College Students Vocational Development and Employment	1/16	1/16			
23	420002	拓展训练 Expand Training	0.5		0.5		
24	610024	形势与政策（2） Situation and Policy（2）	0/8	0/8			
25	610033	安全教育（2） Safety Education（2）	0/8	0/8			
		小计	24.5	21	3.5		

3. 第三学期

序号	课程编号	课程名称	学分/学时	理论	实验（践）	考核方式	备注
26	470012	正义论 On Justice	2/32	2/32			
27		通识选修模块一 Elective Courses for General Education Module 1	2/32	2/32			
28	030120	人力资源管理 Human Resources Management	2/32	2/32			商科课程
29	410017	马克思主义基本原理 Basic Principles of Marxism	3/48	3/48			
30	400003	体育（3） Physical Education（3）	1/32		1/32		
31	040102	大学英语（3） College English（3）	3/48	3/48			
32	451003	线性代数 Linear Algebra	2/32	2/32			
33	450006	概率论与数理统计 Probability Theory and Mathematical Statistics	3/48	3/48			
34	070088	经济学原理 Principles of Economics	4/64	4/64			
35	610025	形势与政策（3） Situation and Policy（3）	0/8	0/8			
36	610034	安全教育（3） Safety Education（3）	0/8	0/8			
		小计	22	21	1		

4. 第四学期

序号	课程编号	课程名称	学分/学时	理论	实验（践）	考核方式	备注
37	470003	从小说到电影 From Novel to Film	2/32	2/32			

续表

序号	课程编号	课程名称	学分/学时	理论	实验（践）	考核方式	备注
38	470005	欧洲文明的现代历程 Modern Journey of European Civiliza-tion	2/32	2/32			
39	030157	消费心理学 Consumer Psychology	2/32	2/32			商科课程
40		商科选修课 Business Electives					商科课程
41	410013	毛泽东思想和中国特色社会主义理论体系概论 Introduction to Mao Zedong Thought and the Theoretical System of Social-ism with Chinese Characteristics	4/96	4/64	0/32		
42	400004	体育（4） Physical Education（4）	1/32		1/32		
43	040095	大学英语（4） College English（4）	3/48	3/48			
44	070159	Python 语言程序设计 Python Language Programming	2/32	2/32			
45	070160	Python 语言程序设计课程设计 Python Language Programming	1/16		1/16		
46	020119	数据结构 Data Structure	2/32	2/32			
47	070163	数据库系统原理与应用 Database System Principle and Appli-cation	3/48	2/32	1/16		
48	610026	形势与政策（4） Situation and Policy（4）	0/8	0/8			
49	610035	安全教育（4） Safety Education（4）	0/8	0/8			
		小计	22	19	3		

5. 第五学期

序号	课程编号	课程名称	学分/学时	理论	实验（践）	考核方式	备注
50		通识选修模块二 Elective Courses for General Education Module 2	2/32	2/32			
51	470008	信息技术与社会 Information Technology and the Society	2/32	2/32			
52	030074	组织行为学 Organizational Behavior	2/32	2/32			商科课程
53		商科选修课 Business Electives					商科课程
54	070069	运筹学原理 Operations Research Principle	3/48	3/48			
55	070068	数据分析及统计应用 Data Analysis and Statistical Applications	3/48	3/48			
56	070067	计算机网络技术 Computer Network Technology	3/48	2/32	1/16		
57	070187	Web 应用程序设计 Web Application Design	2/32	1/16	1/16		
58	070162	信息安全管理 Information Security Management	3/48	2.5/40	0.5/8		
59	070092	大数据技术及应用 Big Data Technologyand Application	2/32	2/32			任选 1门
60	070165	机器学习 Machine Learning	2/32	2/32			
61	070166	大数据技术及应用综合实验 Comprehensive Experiments of Big Data Technology and Application	1/16		1/16		

续表

序号	课程编号	课程名称	学分/学时	理论	实验（践）	考核方式	备注
62	430009	职场关键能力 Key Career Abilities	1/16	1/16			
63	610027	形势与政策（5） Situation and Policy（5）	0/8	0/8			
64	610036	安全教育（5） Safety Education（5）	0/8	0/8			
		小计	24	20.5	3.5		

6. 第六学期

序号	课程编号	课程名称	学分/学时	理论	实验（践）	考核方式	备注
65	030156	"互联网＋"时代的企业战略管理 Enterprise Strategic Management in the Era of "Internet Plus"	2/32	2/32			商科课程
66		商科选修课 Business Electives	4/64	4/64			商科课程
67	070034	管理信息系统 Management Information System	3/48	2.5/40	0.5/8		
68	070188	数据挖掘原理与技术 Data Mining Principles and Techniques	2/32	2/32			
69	070168	大数据商务分析与应用 Big Data Business Analysis and Application	2/32	2/32		创新创业专业课	任选1门
70	070170	电子商务与网络营销 Electronic Commerce and Network Marketing	2/32	2/32		创新创业专业课	
71	070171	商务数据分析综合实验 Comprehensive Experiments on Business Data Analysis	1/16		1/16		
72	070004	信息资源管理 Information Resources Management	2/32	2/32			

续表

序号	课程编号	课程名称	学分/学时	理论	实验（践）	考核方式	备注
73	070174	企业资源规划系统与应用 Enterprise Resource Planning System and Application	3/48	2/32	1/16		
74	610008	名家讲坛 Celebrity Forum	2/32	2/32		考查	任选 1 门
75	610014	名师课堂 Top – Teacher Class	2/32	2/32		考查	
76	610031	大学生心理健康教育（2） Guidance for College Students' Mental Health	0.5/16	0.5/16			
77	610028	形势与政策（6） Situation and Policy（6）	0/8	0/8			
78	610037	安全教育（6） Safety Education（6）	0/8	0/8			
		小计	21.5	19	2.5		

注：①"名家讲坛"和"名师课堂"两门课程由名师课堂办公室和学生处统筹协调安排，并在第七学期第 8 周之前完成成绩的录入工作。为便于系统成绩的录入，课程编号在教务系统显示为610019，课程名称在系统显示为名家讲坛（名师课堂）。②应在通识选修课中选修 3 门，共完成 6 学分，并在第六学期之前全部完成。③在第四学期至第六学期，应在商科选修课中选修 2 门，共完成 4 学分。

7. 第七学期

序号	课程编号	课程名称	学分/学时	理论	实验（践）	考核方式	备注
79	070095	信息系统分析与设计 Analysis and Design of Information System	3/48	3/48			
80	070078	信息系统分析与设计课程设计 Course Project Analysis and Design of Information System	1/16		1/16		

续表

序号	课程编号	课程名称	学分/学时	理论	实验（践）	考核方式	备注
81		全校任选课 Optional Courses of the Whole School	2/32	2/32			在全校任选课程中选择一门2学分或两门1学分课程
82	070063	毕业实习 Graduation Practice	4		4/8		
83	630006	校园社团活动（含社会实践） Campus Activity and Social Practice	2		2		
84	630002	志愿者服务（含社会工作、公益活动） Volunteering	2		2		
85	630003	艺术修养与实践 Artistic Accomplishment and Practice	2		2		
86	630005	竞技体育 Competitive Sports	1.5		1.5		
87	230005	大学生创新创业实践 Practice for College Students' Entrepreneurship	1/16		1/16		
88	610029	形势与政策（7） Situation and Policy（7）	0/8	0/8			
89	610038	安全教育（7） Safety Education（7）	0/8	0/8			
		小计	18.5	5	13.5		

注：①630006"校园社团活动（含社会实践）"、630002"志愿者服务（含社会工作、公益活动）"、630003"艺术修养与实践"、630005"竞技体育"、230005"大学生创新创业实践"应在第七学期第8周之前完成，并在第七学期向教务处报送该门课程的最终成绩。②应在第七学期前修满全校任选课2学分。

8. 第八学期

序号	课程编号	课程名称	学分/学时	理论	实验（践）	考核方式	备注
90	070064	毕业设计（论文） Graduation Project（Thesis）	6		6/12		

续表

序号	课程编号	课程名称	学分/学时	理论	实验（践）	考核方式	备注
91	610030	形势与政策（8） Situation and Policy（8）	2/8		2/8		学分不计入总学分
92	610039	安全教育（8） Safety Education（8）	0/8	0/8			
		小计	6		6		

第五章
课程体系

第一节　iSchool 院校的大数据相关课程设置及其特点分析

iSchool 是由全球 65 所信息学院成立的一个国际组织，中国仅 3 所信息学院加入了 iSchool 学院，分别是武汉大学信息管理学院、南京大学信息管理学院和广州中山大学信息管理学院。信息管理学院的各个专业与大数据管理与应用最为接近，在信息资源管理、数据库数据管理与挖掘、情报学情报信息挖掘等方面与当前大数据数据管理、数据统计分析是相通的，因而很多信息管理学院的信息管理与信息系统专业、计算机大类专业、情报学等相近专业开始转型发展大数据、培养大数据人才。因此，为了了解 iSchool 院校的大数据课程开设情况，司莉和何依（2015）通过网络调查方式调查分析了 iSchool 院校对大数据相关课程的设置情况及特点，以期为大数据时代背景下的大数据人才培养提供参考（司莉、何依，2015）。通过司莉和何依的调查发现，iSchool 院校大数据相关课程设置的特点如下。

一、开设课程滞后于产业发展

从每所学院大数据课程数量与总课程数量的比重来看，比重最大的是加利福尼亚大学伯克利分校信息学院（占比 12.16%），比重最小的是华盛顿大学信息学院（占比 0.66%）。从课程面向的学生层次来看，iSchool 学院课程更偏向为研究生开设学术研究型课程，本科层次大数据应用类课程设置不足。从大数据课程总量来看，卡内基梅隆大学信息系统与管理学院开设的大数据相关课程数量最多，达到 18 门，但也还有 11 所院校未曾开设此类课程。由此可见，总体分析，作为信息管理学院的顶级院校开设大数据类课程数量并不算多，反映出高校大数据人才培养滞后于实际产业发展。

二、本科课程内容主要涉及大数据管理与应用方面

12 所 iSchool 院校面向本科生开设课程 25 门，课程内容主要涉及数据挖掘、数据分析、数据可视化等方面，目的是让学生了解大数据、学会科学有效地生产数据以及对大量的数据进行组织、分析、管理，并利用大数据进行预测，加强对信息的沟通和传达。如印第安纳大学信息与计算机学院开设的大数据理论类课程"数据流畅性"，介绍了在 21 世纪面向庞大数据必须掌握的一些基本技能，包括如何理解数据、如何从庞杂的数据中提取知识、如何通过大量数据进行预测并且向人们呈现这些数据。

三、大数据课程类别主要为理论类、技术类和应用类

在 iSchool 院校中，有 23 所信息管理学院面向本科层次和研究生层次的学生开设了共计 123 门大数据类相关课程。这 123 门大数据类的课程，按照课程内容和课程性质归类，可以分为理论类、技术类和应用类三类，其中理论类课程 19 门，技术类课程 84 门，应用类课程 20 门。

（一）理论类课程

理论类大数据课程通常为专业基础课，主要介绍大数据的基本概念、大数据处理流程、数据管理、数据科学等知识。如加利福尼亚大学伯克利分校信息学院的"数据科学家的法律、政策和伦理思考"课程结合了刑事司法、国家安全、卫生、营销、政治、教育等实际案例，检测数据科学整个生命周期，包括收集、存储、处理、分析和利用过程中出现的法律、政策和道德问题；匹兹堡大学信息

科学学院的"数据基础设施研究"课程主要是介绍数据存储和保存的方法，选择标准、架构、协议和格式用于描述数据集、数据记录和目录，以促进有效的数据管理。

（二）技术类课程

iSchool 院校开设的大数据技术类课程最多，涉及的大数据处理技术十分广泛，包括 Hadoop、MapReduce、Python、NoSQL、云计算等。罗格斯新泽西州立大学通信与信息学院的"信息专业的数据分析"课程引导学生利用各种技术方法对大数据进行分析、存储和检索。希蒙斯学院（波士顿）图书馆与信息科学学院的"数据库管理系统"课程在教授关系型数据库 SQL 的基础上，介绍了常用的大数据应用程序 NoSQL。印第安纳大学信息与计算机学院开设的"大数据软件和项目"课程则是典型的大数据技术应用类课程，该课程主要是学习 HPC - ABDS 软件在高性能计算机和开源商业大数据云计算中的应用，学生通过 HPC - ABDS 软件在云端建立分析系统并将此系统应用到一些大数据项目中。

（三）应用类课程

应用类大数据课程通常包含大数据技术及其工具解决某行业的数据分析和决策问题，尤其是大数据技术在移动终端、社交网络、互联网等特定领域中的应用。卡内基梅隆大学信息系统与管理学院开设的"商务智能和数据挖掘 SAS"课程要求学生使用以 SAS Enterprise Miner 为主的商务智能工具分析世界 500 强企业单位的商务数据，以提高该企业的决策和营销策略，其开设的主要目的就是使学生具备人才市场中所需要的高级商业分析技术，属于大数据应用型人才培养的应用类课程。

四、本科课程注重实用性，面向职业需求

iSchool 院校本来就是世界顶级名牌大学为主，它们的育人特色以职业需求为导向，从社会用人角度所学的岗位技能、专业知识的角度设置专业核心课程，培养企业能"用"的人才。在大数据类课程设置上，仍遵循这一原则和特色，注重课程的应用性，强调所学知识与职业需求间的匹配，培养学生能"用"的职业技能，进而满足企业能"用"的优质人才。

在上文分析的理论类、技术类和应用类课程中，技术类和应用类课程都强调学生要掌握常用的、热门的大数据技术和工具的应用能力，如熟练使用 SAS 公司的商务智能分析工具（SAS Enterprise Miner）、Python 语言等。

大数据分析和辅助决策帮助企业优化业务运营，更多的是团队合作项目和管理决策层所需考虑的事情。因此，培养大数据项目团队管理和领导者素养也是这些课程面向职业需求的体现。例如，卡内基梅隆大学信息系统与管理学院，针对"人"这个主体开设了大数据科学家、大数据团队管理者的课程——管理分析项目，该课程就要求学生从咨询角度为客户提供相关的分析业务，以增加领导、管理分析项目的经验，包括领导团队的不同技能、从不同角度与利益相关者进行沟通的能力。

五、强调技术与应用，面向特定领域设置课程

在技术类课程中，注重大数据技术及其工具的培养，偏向大数据分析技术，且以数据挖掘、数据分析类技术为主。调查的 23 所 iSchool 院校共开设了 84 门技术类课程，其中数据挖掘和数据分析类课程有 68 门，占技术类课程的 80.95%。针对具体的技术，各学院侧重点有所不同。此外，iSchool 院校还非常重视大数据技术在特定领域中的应用，对特定领域的大数据进行分析、处理，解决特定领域的大数据问题。如田纳西大学诺克斯维尔分校信息科学学院的"环境信息学"课程，通过调查人们在收集、交流、使用、存储和分享环境信息的过程中所遇到的问题，探讨数据的获取和数据的质量如何影响环境政策的制定，使学生了解信息政策、环境建模与可视化及其与信息科学的关系。

六、课程学习需要先导知识

iSchool 院校开设的大数据相关课程大多要求学生有本专业、相关专业或者相关知识基础，如统计学、程序语言知识等。德雷塞尔大学计算机与信息学院的"机器学习"课程，明确指出该课程的先决条件是学生已经完成了"数据结构"和"人工智能"课程，并且成绩等级达到 D。卡内基梅隆大学信息系统与管理学院的"Hadoop 和 MapReduce"课程要求学生能熟练运用 Java 和 JavaScript 测试运行工具 Chutzpah。

七、教学方法多样，注重提升学生的应用能力

在课程的教学方法上，各个学校各不相同，总体上来看呈多样化，其中采取解决实际项目的案例教学为多数，强调学生解决实际项目的实际应用能力。此外，部分课程还要求学生利用所学技术自行开发一个成品工具或系统，通过这种方式考查学生对知识的掌握情况，有效地提高了学生的实际应用能力。如伊利诺伊大学图书馆和信息科学研究所开设的"数据清洗的理论与实践"课程，除了要求学生利用已经存在的数据清理工具动手来完成一些项目，还通过编程练习熟悉这些工具，以此来自行开发一些简单的工具。

根据 iSchool 院校大数据相关课程设置的特点，可以得出以下启示：①面向职业需求，有针对性地开设大数据相关课程，让学生所学的知识与职业直接接轨。②重视培养学生对大数据技术的掌握能力，增加大数据管理与分析类课程，通过运用科学的大数据管理理论、方法和技术，提高社会系统运作效率，创造新的价值，为科学研究、公共管理、商业机构运作等各类社会活动提供决策支撑。③大数据课程应强调应用性，将数据的收集、组织、检索、分析和服务融入教学内容，提高学生在大数据技术运用、大数据加工处理、大数据分析、大数据管理等方面的技能，培养能够适应面向更广泛的信息职业、符合社会需求的数据管理人才。司莉和何依（2015）的研究也存在一些不足之处。第一，目前国内外对大数据相关课程的范畴没有一个具体的界定标准，故在课程的筛选过程中带有一定的主观性。第二，该研究只是对 iSchool 院校开设的大数据相关课程进行了调查，没有从国内外其他高等院校的角度进行横向的对比研究。

第二节　新工科背景下应用型大数据
人才培养课程体系的构建

近年来，大数据引起了学术界、产业界、政府部门和其他组织的空前关注。大数据为推动技术革新和发展数字经济提供良好机遇的同时，也对高校大数据人才培养模式和现有数据科学人才储备提出严峻挑战。在"互联网＋大数据"思

维框架下，如何以跨界知识体系培养为核心，实现智能计算技术（如数据挖掘、人工智能、机器学习等）和互联网技术在现代教育中的深度融合；如何以实践能力培养为核心，实现理论教学与实践教学、产学研合作、实践与责任、多元思维与国际视野、职业与执业、专业与专业的多维融合；如何以创新能力培养为核心，实现技术与科学、通识与专业、教学与科研、师生角色 DIY 的多维融合，进一步重构教学体系，优化教学内容，改进教学方法，规范教学过程，完善教学评价，提高大数据人才培养质量；尤其是在新工科背景下，如何实施大数据应用技术课程的教学改革和实践探索，以培养具有突出实践能力与技术创新能力的跨界复合型大数据人才，已成为高校数据科学与大数据技术、大数据管理与应用等本科专业及其相关专业教学改革研究亟待解决的重要内容和热点问题。

一、新工科背景下应用型大数据人才培养的现实需求

随着云计算、大数据、物联网、人工智能、5G 通信技术等信息技术的迅猛发展，人类已迈入基于大数据和互联网的智能增强时代，导致大数据领域及其相关行业面临着前所未有的人才荒。美国、英国、法国、中国、日本、韩国等世界各国将大数据发展纳入国家战略行动，并采取积极措施促进大数据及其相关产业发展。尤其是世界各国注重加强大数据人才培养，旨在为大数据良性发展提供坚实的人才基础和强劲的智力保障。2015 年，国务院《促进大数据发展行动纲要的通知》明确指出：①创新人才培养模式，建立大数据人才培养体系；②鼓励高校设立数据科学等专业，重点培养大数据专业人才；③鼓励跨校、跨学科联合，大力培养跨界复合型大数据人才；④鼓励高校、职校和企业合作，积极培育大数据技术和应用创新型人才；⑤依托社会化教育资源，开展大数据知识普及和教育培训。在践行大数据发展战略行动中，各级地方政府积极响应国家号召，主动投身大数据产业发展，不断强化大数据技术应用，夯实筑牢大数据人才培养，扎实推进数据强省建设。北京、上海、重庆等市和福建、浙江、江苏、广东、湖北、贵州、青海、甘肃、新疆、黑龙江等华东、华南、华中、华西、华北省份陆续制定大数据发展政策，并强调加强大数据人才培育引进等队伍建设，建立大数据人才研发和创新体系，完善大数据人才培养机制。以上可以看出，我国大数据人才培养的现实需求旺盛，各级政府通过政策制定，积极为高校人才培养、企业和政府人才引进等工作提供良好的制度保障，促进大数据人才培养工作取得了实质性

成效。

二、大数据人才培养的现存问题

近年来，世界各国（如中国、美国、英国、法国等）高校纷纷成立大数据实体学院，组建大数据科研院所，新增大数据本科（研究生）专业（方向），以及借助社会力量开展大数据知识宣讲与业务培训等，多措并举将大数据人才培养工作做细、做实、做出成效。调查研究发现，近五年我国 617 所本科院校获批新增数据科学与大数据技术专业〔其中，民族院校 11 所，即中央民族大学等 7 所（2018 年，第三批）、兴义民族师范学院（2019 年，第四批）、中南民族大学等 3 所（2020 年，第五批）〕，82 所本科院校获批新增大数据管理与应用专业。同时，全国高校在校校合作（高校—高校）、校地合作（高校—地方政府）、校企合作（高校—企业）、校院合作（高校—科研院所）和校业合作（高校—执业机构）等方面的合作全面深化，扎实推进培养具有应用创新能力的跨界复合型大数据人才。

基于高校大数据人才培养的调研结果，大数据课程体系主要包括大数据分析和大数据平台两个方向。大数据平台方向侧重 Hadoop/Spark 开发与管理、运维平台管理（HDFS 分布式文件系统、MapReduce 并行编程模型）、数据库设计与建模等，能够掌握分布式平台搭建和并行数据库设计等实操技能，可以实现非关系数据的高效管理，进而实施平台运维、开发与利用等。大数据分析方向侧重大数据挖掘分析与应用实践、商业智能与精准营销、决策管理与市场预测等，能够高效提供全面准确的数据分析与信息服务，可以发掘商业价值、洞察商业机遇，进而制定科学合理的商业决策等。综观高校大数据人才培养现状，虽然取得了显著成效（如培养环境逐渐改善、培养条件逐渐强化、培养共识逐渐达成、培养效果逐渐凸显、培养特色逐渐形成等），但是创新培养具有实战能力的高素质、跨界复合型大数据人才之路仍任重而道远。尤其是在数据技术时代"互联网＋教育"的新工科背景下，如何围绕教学体系、教学内容、教学方法、教学过程和教学评价等重点内容，实施大数据专业课程（如数据科学导论、大数据技术原理与应用、大数据应用技术等课程）的建设发展与改革创新，切实提高大数据人才培养质量和核心竞争力，更好地服务于国家大数据发展战略，有待数据科学教育工作者深思、探索与实践。

三、大数据人才培养的课程改革

在新工科背景下，参照国内外大数据课程体系（如美国高校、复旦大学、中国人民大学、厦门大学、吉林大学、中南大学），以"大数据应用技术课程"为例，秉承"互联网＋大数据"思维的大工程观理念，基于"双核联动牵引、多维交叉融合"的体系框架，在"重构教学体系、优化教学内容、改进教学方法、规范教学过程、完善教学评价"等方面探索大数据专业教学改革的途径、方法与应用，致力于创新培养集成技术创新能力潜质与工程实践能力素质的跨界复合型大数据人才。

（一）重构课程和教学体系

将"互联网＋大数据"思维中大工程观理念下的两大最重要核心，即"回归的工程实践能力与持续的技术创新能力"作为实践教学架构的"双核"，并以此为牵引实现多维融合，形成"双核联动牵引，多维交叉融合"的大数据应用技术课程教学体系结构框架。

（1）以培养工程实践能力为核心，依托省部级实践教学示范中心（如"数学与统计"省级实验教学示范中心），实现理论教学与实践教学的深度融合；依托工程实践基地和校企共建实践基地（如"AI＋智慧学习"人工智能体验中心），实现产学研合作的多方融合；依托教育部产学合作协调育人的教学平台（如"大数据实训中心"实践条件建设项目），实现实践与责任的高度融合；依托海外项目管理、国际项目管理人才培养平台，实现多元思维与国际视野的广度融合；依托大数据类专业卓越人才培养平台（如统计学省级卓越人才计划），实现职业与执业的进度融合；依托实际工程项目，开展数据科学大类专业（方向）综合毕业设计，实现专业（方向）与专业（方向）的跨度融合。

（2）以培养技术创新能力为核心，依托省部级科技"创新平台＋创新实验人才培养平台"（如信息处理与模式识别省级教育创新基地），实现技术与科学的深度融合；依托基本学分制＋奖励积分制弹性模块 Supermarket 平台，实现通识与专业的进度融合；依托"学业导师＋学科竞赛＋创新基金项目"链接，辅以"科研五进"，实现教学与科研的高度融合；依托"Hadoop 技术＋CAI 课件系统"，实现师生角色 DIY 的跨度融合。

（二）优化课程教学内容

以大数据技术应用与开发为目标，构建大数据应用技术课程群，注重理论课与实践课之间教学内容的相互关联和交叉融合，旨在培养学生的大数据思维、互联网思维和学生的应用能力、工程实践能力。同时，以模块化方式构建课程教学内容，并采取分层递进方法串接知识要点。具体是指，基于"双核联动牵引、多维交叉融合"的体系结构框架，建立课内与课外两条实践教学链，重构一套完整的基于创新能力培养的实践教学内容。

（1）课内实践教学以大数据处理全生命周期为载体，形成"基础实验技能训练＋项目模拟设计训练＋专业岗位实作训练"的实用性链条，使学生达成基础知识—个人能力—团队协作能力—系统集成能力的工程综合实践能力。

（2）课外实践教学以工程全方位角度为载体，形成"项目驱动探析＋企业实训实习＋创新创业竞赛"的开发性链条，使学生达成通识知识—专业探究—跨界解析能力—工程前沿探索能力的技术拓展创新能力。特别是通过"课堂奠基、实践强化、科研引导"系统化的教学环节与"能力导向、分类指导、校企合作"开放式的培养方式，将两条实践教学链条实现递进式连接。

（三）改进课程教学方法

基于课内实用性实践教学链与课外开发性实践教学链的建立，采用"三混合""多互换"形成一套全新的教学方法。

（1）采用混合"专业教师＋实践导师""理论教学＋实践教学""授课教室＋实操教室"的"三混合"教学方法，淡化其界限，打破原有按专业设置实验平台的传统布局，对实践教学设施进行大工程观的优化整合，形成数据科学类专业一体化的混合实践教学模式。

（2）采用互换教师与工程师、讲授与辅导、专业（方向）与专业（方向）、教师与学生的教学方法，转换师生角色，打破固有传统小单线专业能力培养的局面，对实践教学形式实现大工程观的优化整合，形成数据科学类专业立体化的互换实践教学模式。

（四）规范课程教学过程

基于混合与转换实践教学方法的更新，设计一套完善的既有利于能力培养又有利于就业和双创（创新创业）的教学过程。

（1）设计"专业—执业"的立交教学过程，实践教学穿插 CDA（Certified Data Analyst）数据分析师专业技术认证，Cloudera 认证专家（CCP：DS）、Cloudera Apache Hadoop 认证开发者（CCDH）、Cloudera Apache HBase 认证专家（CCSHB）等专业资格认证，以及阿里云大数据专业认证（ABP）等专业评估认证，充分培养学生的应用技术能力，提高学生的就业竞争力。

（2）设计"教学—科研"的立交教学过程，实践教学穿插虚拟仿真技术模拟、并行分布式模型建构、CAI 课件制作研发等学生自主探索环节，充分引导学生的技术双创能力。

（3）设计"职业—事业"的立交教学过程，实践教学融入 CDIO 理念、NLP 教练术、PBL 教学法等进行多元培养，充分塑造学生的综合价值能力。

（五）完善课程的教学评价

基于"专业—执业""教学—科研""执业—事业"的立交实践教学过程的设计，建立学生和导师、校内和校外协同的教学质量评价体制，促进实践教学培养与实际工程需求的持续动态长效适应。

（1）基于 Supermarket 平台建立"基本＋奖励"积分制弹性模块的教学质量评价，促进实践教学培养与行业创新需求的持续动态长效适应。

（2）基于 CAI 课件系统讲授 Hadoop、MapReduce、Spark 等并行分布式计算实操技术，实现在大数据的采集管理、分析挖掘、隐私保护和可视化计算等实际项目中的具体应用，引领学生灵活运用大数据方法与技术，达成"教师主导、学生参与"教学的良好效果，以及评价结果的合理利用并反哺于教学。

综上所述，高校肩负着集成实践能力与创新能力的跨界复合型大数据人才培养的重任，围绕教学体系、教学内容、教学方法、教学过程和教学评价等内容实施大数据应用技术课程教学改革势在必行，并必将取得良好的教学效果。尤其是通过大数据应用技术课程教学改革的实践探索，学生自主学习、参与互动教学的积极性和主动性明显增强，以及学生的大数据思维、互联网思维、创新创业能力和实践应用能力显著提升，达到了教学改革的预期效果。

在数据驱动的信息技术时代，跨界复合型大数据人才创新培养工作仍处于起步探索阶段。在大数据应用技术课程教学改革中，理应构建以培养工程实践能力和技术创新能力为"双核牵引"并实现"多维融合"的实践教学体系结构框架；

基于"双核联动牵引、多维交叉融合"教学体系的构建，建立课内与课外两条实践教学链，重构完整的基于创新能力培养的实践教学内容；基于课内实用性实践教学链与课外开发性实践教学链的建立，采用"三混合""多互换"法形成全新的实践教学方法；基于混合与转换实践教学方法的更新，设计完善的既有利于学生创新能力培养又有利于学生就业创业的实践教学过程；基于"专业—执业""教学—科研""执业—事业"立交实践教学过程的设计，建立教师和学生、校内和校外协同的实践教学质量评价机制，逐渐形成与大数据行业需求相适应的培养模式和课程体系，培养具有突出集成实践能力与技术创新能力的跨界复合型大数据人才，更好地服务于区域创新体系建设与经济社会发展。

第三节　重庆邮电大学移通学院应用型大数据人才培养课程体系

一、数据科学与大数据技术专业

由第四章第三节内容可知，移通学院数据科学与大数据技术专业大数据人才培养的课程体系如表5-1所示。

表5-1　数据科学与大数据技术专业大数据人才培养课程体系

课程性质	课程名	学分/学时	理论学分/学时	实践学分/学时	学期
专业基础课	计算机科学导论	2/40	1/16	1/24	1
	程序设计基础	4/80	2/32	2/48	1
	Linux 操作系统	3/64	1/16	2/48	2
	面向对象程序设计	2.5/52	1/16	1.5/36	3
	算法与数据结构	3/56	2/32	1/24	3
	数据库应用技术（Mysql）	2.5/52	1/16	1.5/36	4
	计算机网络	3/56	2/32	1/24	4
	面向对象课程设计	1/16		1/16	4

续表

课程性质	课程名	学分/学时	理论学分/学时	实践学分/学时	学期
专业核心课程	大数据编程技术	3/64	1/16	2/48	5
	大数据系统	2/40	1/16	1/24	5
	虚拟化与云计算	3/56	2/32	1/24	5
	人工智能语言基础	2/40	1/16	1/24	5
	数据处理及可视化	3/56	2/32	1/24	6
	数据挖掘技术	3/56	2/32	1/24	6
	大数据系统课程设计	1/24		1/24	6
	大数据项目训练	2/48		2/48	7
	分布式数据库	2/40	1/16	1/24	7
专业公共课	计算机组织与结构	2.5/44	2/32	0.5/12	5
	IT 专业英语	1.5/24	1.5/24		5
	IT 专业文档写作	1/16	1/16		6
	编程设计模式	3/56	2/32	1/24	6
	未来信息技术	1/16	1/16		7

二、大数据管理与应用专业

由第四章第三节内容可知，移通学院大数据管理与应用专业大数据人才培养的专业课程体系如图 5-1 所示。

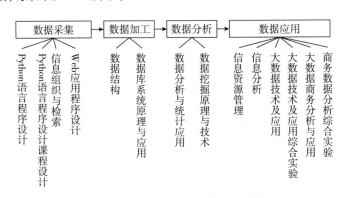

图 5-1　大数据管理与应用专业大数据人才培养课程体系

由此可见，本专业的主干学科属于管理科学与工程类。专业核心课程包括经济学原理、管理学原理、数据结构、数据库系统原理与应用、计算机网络技术、数据分析及统计应用、运筹学原理、大数据管理导论、大数据分析与计算、大数据挖掘应用综合实验、社交网络分析、大数据可视化、大数据与营销创新。专业必修课程包括 Python 语言程序设计、Python 语言程序设计课程设计、Python 数据分析处理、SPSS 数据分析与挖掘、R 语言数据分析与建模、互联网大数据挖掘与应用、文本分析与文本挖掘、多元统计分析与 R 建模等，课程体系如表 5－2 所示。

表 5－2　大数据管理与应用专业大数据人才培养课程体系

课程性质		课程名	学分/学时	理论学分/学时	实践学分/学时	学期
专业 基础课	管理 大类	移动商务时代的品牌与营销管理	2/32	2/32		1
		管理学原理	3/48	3/48		2
		经济学原理	4/64	4/64		3
	计算机 大类	大学计算机	2/32	1/16	1/16	1
		C 语言程序设计	4/64	2/32	2/32	2
大数据类 专业核心课程		大数据管理导论	2/32	2/32		3
		Python 语言程序设计	2/32	2/32		4
		Python 语言程序设计课程设计	1/16		1/16	4
		数据库系统原理与应用	3/48	2/32	1/16	4
		数据结构	2/32	2/32		4
		数据分析及统计应用	3/48	3/48		5
		计算机网络技术	3/48	2/32	1/16	5
		大数据分析与计算	3/48	2/32	1/16	5
		Python 数据分析处理	3/48	2/32	1/16	5
		R 语言数据分析与建模	3/48	2/32	1/16	5
		信息安全管理	3/48	2.5/40	0.5/8	6
		社交网络分析	3/48	2/48	1/16	6
		互联网大数据挖掘与应用	2/32	2/32		6
		多元统计分析与 R 建模	2/32	2/32		6
		大数据挖掘应用综合实验	1/16		1/16	6
		数据仓库与数据挖掘	2/32	2/32		6
		电子商务与网络营销	2/32	2/32		7
		商务数据分析综合实验	1/16		1/16	7

通过专业培养，本专业的毕业学生可从事数据分析与处理，能在 IT、零售、金

融、制造、物流、医疗、教育、行政事业单位等行业从事大数据的管理、分析及应用等工作，或在科研、教育部门从事大数据研究、咨询、教育培训方面的工作。

三、信息管理与信息系统专业

（一）课程体系的设置基于社会需求

社会需求是人才培养的原动力。社会需求实质上是社会对该专业学生应具备什么样的专业能力的一种需求。由前文的表 2 - 2 基于社会（用人）需求的大数据人才类型及能力要求可知，大数据人才所需要的知识和技术主要涉及计算机科学、统计学和数据挖掘等前沿技术和方法，而这些知识和技术也是培养信管专业人才所必须掌握的学科知识。但是，由于大数据人才宽泛，多学科交叉融合度高，其中的数据政策人才、数据开放人才与信管人才的交叉性不强，所以信管专业不适合培养这类人才。数据科学家一般精通上述各类人才的基本技能，是综合型的顶级数据人才，本科层次的信管专业也无法培养数据科学家。而对于交叉性较强的数据技术人才、数据管理人才、数据分析人才、数据安全人才，信管专业也不能直接培养，应该在原有的统计学、信息分析、数据库、数据挖掘等课程基础上，新增教学内容或新兴课程以迎合社会对大数据人才的要求。

（二）基于社会需求调整专业培养方向

课程体系的设置是专业培养方案的核心内容，受培养方案中培养方向与目标的直接影响。

专业方向就是以满足社会需求为导向，培养学生具备社会所需的专业能力。由表 2 - 2 可知，信管专业的专业方向可以确定为交叉性较强的数据管理人才、数据分析人才、数据技术人才和数据安全人才四个方向，但大数据人才的能力结构和知识结构与原信管专业人才有所不同，需要对原信管专业的课程体系进行调整，只有形成新的课程体系才能满足大数据人才的培养要求。

这里以移通学院信管专业转型培养大数据人才的课程改革为例进行说明。

移通学院信管专业在大数据背景下，积极探索大数据人才培养模式。结合社会对大数据人才的需求特征和学院的整体发展战略，移通学院信管专业重新定位了专业方向：除保留原有的信息系统设计与开发人才培养外，新增数据管理人才和数据分析人才的培养。数据分析模块培养学生掌握数据管理与分析工具，具备数据架构、收集、处理、加工、清洗、统计分析等基本技能，而商业信息系统应用与管理培养模块则进一步将大数据技能融入各行各业的运营中，培养具备数据分析、数据应用的高级数据人才。

三个专业模块面向所有信管专业学生，也就是说同一年级的学生所上的课程全都一样。但是每个学生的时间、精力、职业兴趣各不一样，学生可以结合自身条件，选择自己感兴趣的专业培养方向和课程，优化在校 4 年的学习计划和职业规划，着重培养自己具备某个方面的专业能力。

（三）课程体系和培养方式

社会需求和据实确定的专业培养方向构建出专业人才的能力结构和知识结构，培养学生具备这样的能力结构和知识结构就体现在完整的课程体系上。课程体系包括课程内容、课程学时、培养方式、各课程之间的衔接关系等。

移通学院围绕着新的专业培养方向，重新调整了信管专业课程体系，如表 5-3 所示。系统设计与开发人才培养模块涉及的课程体系保持不变，而数据分析人才培养模块的课程根据校企合作单位的要求，重新调整课程体系，新增适合大数据时代要求的新兴课程，如数据分析及统计应用、大数据与市场营销、大数据技术及应用、互联网数据分析与应用。商业信息系统应用与管理人才培养模块是上述两种人才培养方向的融合，通过实际应用的方式，培养学生独立的系统设计、管理与应用能力，课程上没有什么新增内容，但是在"企业信息化"课程中融合了商业流程管理与重组、业务流程数据收集与处理、数据分析与数据挖掘、系统设计与开发等专业知识以培养应用型复合人才。另外，尤其是在毕业设计阶段，以项目为导向、与校企合作单位联合指导毕业设计的方式，直接培养学生数据收集、存储、清洗、转换、分析与应用的实践能力。

表 5-3　移通信管专业大数据人才培养的课程体系——2017 级专业培养方案

人才培养目标	专业课程群	专业核心课程名	学分/学时	培养方式	备注
大数据人才	数据分析课程群	概率论与数理统计	3/48	理论	
		数据库系统（SQL）技术及其应用	3/48	理论＋实践	新增内容
		数据分析及统计应用	3/48	理论	新增课程
		大数据与市场营销	3/48	理论＋实践	新增课程

续表

人才培养目标	专业课程群	专业核心课程名	学分/学时	培养方式	备注
大数据人才	数据分析课程群	大数据技术及应用	2/32	理论＋实践	新增课程
		互联网数据分析与应用	3/48	理论＋实践	新增课程
系统设计人才	系统设计与开发课程群	管理信息系统	3/48	理论＋实践	新增内容
		管理信息系统课程设计	1/16	实践	新增内容
		Web 应用程序设计	3/48	理论＋实践	新增内容
		Web 应用程序设计课程设计	1/16	实践	新增内容
		信息系统分析与设计	3/48	理论＋实践	新增内容
		信息系统分析与设计课程设计	1/16	实践	新增内容
商业信息系统综合应用与管理人才	商业信息系统应用与管理课程群	电子商务	3/48	理论＋实践	新增内容
		电子商务实习	1/16	实践	新增内容
		IT 项目管理	2/32	理论＋实践	新增内容
		企业信息化	3/48	理论＋实践	新增内容

在表 5-3 中，培养方式主要是指在教室内以教师教授为主，学生自学为辅的一种理论培养方式；实践培养方式主要是指教师给予实验项目，通过校内实验室上机操作或校企合作单位联合指导的一种培养方式；"理论＋实践"培养方式主要是指校内理论培养、校内实践培养和校外校企实践联合培养；新增内容表示与转型培养大数据人才之前的专业培养方案相比，该课程保持不变，但教学内容需要扩充；新增课程表示与转型培养大数据人才之前的专业培养方案相比，该课程为新增课程。新增内容和新增课程都是增加非结构化数据组织、分布式文件存储、分布式数据库系统、NoSQL、分布式密集数据处理等方面的专业内容，以满足大数据时代对数据人才的需求。

（四）师资建设

围绕着新的课程体系，需要构建新的师资团队。目前移通学院信管专业师资力量不足，需要重新补充教师资源。信管专业教研室的全体教师除了采取自主学习、参与社会培训、校企定岗实习、报考大数据博士研究生的方式向大数据师资队伍转型外，还采取以下渠道增强师资力量：高薪引进数据人才成为专职教师、协调校内其他院系的有力师资联合培养、邀请大数据领域专业人士来校上课或举办培训会成为临时师资、聘请校企合作单位的数据专家作为校外导师或客座教授、邀请已毕业学生返校分享与举办专项培训成为辅助师资。

移通学院信管专业从 2014 级信管专业学生开始实施大数据人才培养计划。该专业通过不断地改革探索，大数据人才培养的课程群及课程体系逐年完善，在其培养的 2014 级和 2015 级学生中，绝大部分学生接受了大数据思维，一小部分学生对大数据产生了浓厚兴趣，并具有一定的数据统计分析能力和大数据价值的探索能力。

在大数据时代背景下，信管专业通过教育综合改革，开展课程体系创新能转型培养大数据人才，以满足大数据产业高速发展的人才所需。由于信管专业仍要保留信息系统设计与开发、信息应用与管理方面的人才培养，加上师资薄弱、实践条件欠缺，所以转型培养有一定难度，短期看人才培养效果不明显，但从长期看，大数据生态链逐渐完善，人才供给日益增加。信管专业通过不断地改革尝试和经验积累，必将能摸索出更好的专业发展道路和人才培养模式以适应时代发展趋势（刘贵容、耿元芳，2018）。

第六章

师资建设

师资是人才培养的主体，师资的知识体系决定着学生的知识体系，师资的实践经验决定着学生的职业远景，师资的战略眼光决定着专业发展方向。

大数据人才培养首先要解决师资问题。在应用型大数据人才培养方案及课程体系确定后，与之匹配的师资队伍建设就是人才培养质量的关键（刘贵容、周冬杨，2018）。

第一节　师资建设的现状分析

一、师资基础与人才培养方向匹配不一致

大数据最初发展于天文学和基因学，后应用于互联网行业、工业制造、健康医疗、金融保险、公共行政管理、现代农业、文化与教育、卫生与安全、军事与国防等各个领域。每个行业的大数据特征均不完全相同，分析目的也不相同，导致了各行各业需要不同经验和不同思维的大数据人才，即同时具备大数据技术与数据处理的复合型人才。

在高等教育的早期发展阶段，专业培养方向往往由所具备的师资力量和办学条件决定，新专业的申报往往也要评析该校的已有师资力量和教学资源，也就是说，高校具备什么样的师资结构就办什么样的教育，有什么样的师资人才就培养

什么样的专业人才，如图 6-1 所示。但问题是，我国绝大多数高校教师是从家门到校门再到校门，在现有的教育教学体制下，缺乏严格的科研能力、创新能力和实践能力的培养和训练，更缺乏大数据管理与应用的实际经验，其结果是固化的师资力量、一成不变的知识结构和能力结构、纯理论派教学与科研，导致教师素质与社会需求严重脱节，培养的专业人才也就无法满足社会需求。

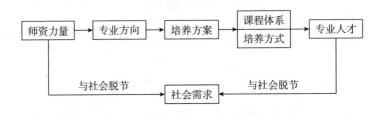

图 6-1　传统教育体制下以师资为导向的人才培养机制

二、跨学科复合型师资难培养

大数据是新生事物，前期高等教育无专门的大数据专业人才培育积累，也就没有专门的大数据师资了。2014 年，清华大学设置与大数据科学研究相关的硕士类学位，复合型多学科的培养大数据人才，真正开启了大数据领域专业人才培养的工作。截至 2019 年，已有 500 余所高校申请并获批"数据科学与大数据技术"或"大数据管理与应用"新专业，也就意味着自 2017 年开始才陆续有了专业大数据人才，大数据师资缺乏问题才会逐渐得以缓解。

大数据和网络科学、计算机科学、信息经济学、图书情报学联系紧密。目前在不少高校，教授大数据专业课程的基本为计算机、智能控制、管理等专业的教师，但大数据课程本身有自己的体系，包含云计算、大数据、大数据挖掘、深度处理等多个门类，除云计算现在有统一的教材外，其他课程均缺乏专业教材，更缺乏专任教师。

只有多学科知识交叉应用，各层次知识结构融会贯通，才能完整地应用和实践大数据专业知识、专业技能解决专业问题。如电商大数据的管理与应用，除需要经济管理类专业知识外，还需要数学建模、应用统计分析、计算机科学、数据库、数据挖掘等专业知识交叉使用才能驾驭电商大数据在电商经营、电商营销创新、电商精准营销。但是，在传统的高等教育背景下，各层次的知识结构、各学科的专业知识培养体系分散在不同高校的不同二级学院里，导致学生无法一次性地交叉融合学习各学科类别、各层次的专业知识，导致复合型大数据高级人才和师资极其匮乏，且难以高效快速培养。

三、缺乏培养大数据人才和师资的课程资源

师资条件是目前相当缺乏的数据科学人才培养资源，也是影响未来数据科学人才培养成果的关键。大数据师资建设需要优化知识结构、教材和教师队伍，培养在大数据领域具有影响力的学术带头人，形成大数据学术创新团队。从知识结构看，大数据人才的知识体系结构主要由科学的基础理论和方法、大数据计算技术、领域业务知识三个方面构成。大数据人才应该是具备多种能力的跨界人才，数据科学人才培养体系应该是多层次多类型的。目前，关于大数据、数据科学方面的书籍大多是零散的大数据技术的介绍，系统化地适用于大数据、数据科学人才培养方面的教材尚未出现，这是大数据师资队伍建设的源头，需要尽快组织相关教材的编撰。此外，大数据师资队伍的建设，不能在现有的单个专业或学院中拥有大部分课程和教师，需要根据数据科学的知识结构进行合理配置，设置大数据专业课程。

第二节 师资建设对策分析

在大数据行业及高等教育大势发展的时代背景下，高校相关专业教师应以此为契机，积极转型拥抱大数据、学习大数据技术、掌握大数据工具、面向行业大数据进行项目分析和学科竞赛，提升大数据师资团队的核心竞争力，保障大数据专业科学合理发展，提升大数据人才培养质量，促进国家和地方政府大数据产业发展战略的实现。

一、校级层面重视和鼓励

大数据产业属于典型的多学科专业交叉融合发展的产业，需要的大数据人才

应具备多学科专业知识的交叉融合，因此大数据教师也必须具备多学科专业知识交叉融合解决实际问题的能力。

大数据涉及计算机学科专业知识，而掌握本学科的专业教师一般在计算机学院；大数据还涉及高等数学、应用数学、统计学类的专业知识，这部分教师一般在数学系。大数据还涉及经济管理类知识，这部分教师一般在经济管理学院；甚至还涉及数据采集、通信技术等专业知识，这部分教师一般在通信学院；大数据是技术、是手段，是解决行业应用的价值引擎，大数据还涉及某个专业领域的专业知识，如金融学、农业、保险学等，这部分教师一般在各个二级学院。

但是传统的高等教育在教学管理中，更倾向于按专业设置二级学院进行学科专业管理和教育资源管理，这导致多学科交叉融合变得难以落地。

为促进大数据多学科专业知识交叉融合，顶层设计整合师资团队和整合教育资源。很多高校将原来独立的计算机学院、理学院、信息管理学院合并为新的大数据学院，通过新成立的大数据学院来整合多学科教师团队，提升教师大数据教学能力和水平，完善大数据师资培训，解决传统高等教育中师资整合的"瓶颈"。

另外，传统高等教育中并无专门的大数据专业来培养大数据人才，进而导致大数据师资的极度匮乏。高校大数据师资建设一般采取转型发展的途径，将原有教师转型为大数据类专业教师，由于大数据的多学科交叉问题，转型难度大，转型周期长，转型成本和培训成本也高昂，还得不断鼓励教师，疏导转型排斥心理，因此这些大数据师资建设中的实际问题都需要学校顶层设计，从学校层面给出大数据师资建设的鼓励制度、培训计划、考核机制等。

校级层面在出台大数据师资建设方案时，应鼓励教师积极转型发展为大数据教师，并多措并举提高教师大数据采集、数据加工、数据挖掘、数据可行化、数据行业应用的业务能力和授课能力，缓解大数据师资匮乏对专业建设和人才培养的制约。

由于大数据师资培训的初级阶段主要是解决上课问题，所以师资培训的内容与课程建设密切关联，需要针对某一门课程开展培训工作。如移通学院，针对大数据管理与应用管理人才培养方案中的具体课程，首先思考本课程怎么上？上哪些内容？用什么教材和样本数据？用什么大数据工具？实验环境是否具备？其次思考谁来上这门课？他能不能上？他能上哪些内容？他还缺哪些内容？他还该通过培训提升哪些内容？基于这样的思考和布局，最后才开展有针对性的师资培训计划，从而直接有效地提升师资能力和团队水平。

在大数据师资培训的中级阶段，各个教师基本掌握了大数据各类课程授课能力之后，就是课程质量提高的培训，包括教材建设、项目合作、学科竞赛、教育教学改革等方面的培训。在大数据师资培训的高级阶段，偏向大数据学术科研活动的培训，提升整个专业建设水平和师资水平，以学科建设产出成果为主，鼓励教师进行学科建设和科研活动。

二、确立以需求为导向的师资建设机制

大数据本身只是客观数据集，对这些客观数据集进行数据挖掘，才能发现数据价值，支撑企业竞争力的获取。因此，大数据要下沉到某个行业具体的某个企业，甚至具体到某个企业具体的某项业务流程优化。大数据人才的培养就应该面向行业企业，因为各个行业企业的业务特征不同，数据样本不同，所以对学生的培养也应该分行业进行。针对大数据产业的特殊性，大数据人才培养的教育理念就应该是以企业需求为导向培养实践应用能力。按照这样的教育理念，大数据人才培养的源头是社会需求，以社会上的产业行业企业、政府及行政机构等大数据人才的需求为导向，组建师资队伍，培养社会所需人才。

故此，大数据人才培养的师资建设机制应该以需求为导向。首先明确社会对大数据人才的具体需求；其次通过顶层设计解决跨学科师资建设问题；再次根据社会需求和师资力量情况，定制化培养大数据人才；最后根据培养效果动态调整师资力量，如图6-2所示。

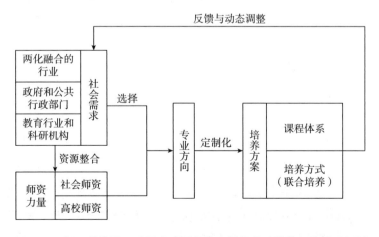

图6-2 新工科背景下以需求为导向的大数据人才培养师资建设机制

以需求为导向的师资建设机制在实际运作中有一定的难度。首先，由于目前社会对大数据人才的需求已经远远超出高校现有师资能力，所以根本不可能完全按照社会需求培养大数据人才。其次，复杂的、宽泛的、无统一标准的、多学科交叉融合的大数据人才需求对实施以需求为导向的人才培养和师资队伍建设来说，完全失去了明确的导向性作用。最后，大数据人才培养需要多学科交叉融合，师资队伍建设涉及多个知识领域、多个机构部门，甚至是多个产业领域，跨学科的师资队伍建设难度较大。

在新工科背景下，为了更好地落实大数据人才培养的师资建设机制，高质高效地培养社会所需人才，可以采取以下策略。

（一）开展政校企合作，明确人才培养需求，降低师资建设难度

资源有限的大数据专业不可能面面俱到，无法培养出社会所需的所有人才。相反，有选择性地开展政校企合作，将需求缩小为合作单位的人才需求，并以此明确专业培养方向，开展后续的人才培养工作。合作单位对大数据人才层次、能力及知识结构的需求是非常清晰的，这为以需求为导向建设师资队伍指明了方向。这样做不必四面出击，不仅避免了宽而不精、通而不专的人才培养弊端，还降低了师资建设的难度。

（二）顶层保障下多渠道完善师资队伍

跨学科组建师资队伍难度很大，这需要高校和政府的顶层设计战略来保障。在顶层战略要求下，通过政校企三方共建、引培机制和跨学科组建等几种方式完善师资队伍建设。

1. 政校企三方共建师资扩充校方师资力量

在政校企联合培养模式下，人才需求方的政府或企业向校方提出培养需求，校方结合自身师资资源初步研究培养该人才的可行性，如哪些师资已具备，哪些师资还欠缺，然后三方共同协商师资资源的组建方式，补充校方师资的不足。政府一般从政策及资金上给予扶持，并协调各方关系组建师资队伍；企业方一般共享业务数据，并配备企业导师作为辅助师资；校方整合校方师资，并组织三方共同学习、研讨、培训，提高整体的师资水平。

2. 引培机制完善师资队伍

除政校企三方共建外，校方还可以采取引培机制，提升师资的核心力量。所谓引培机制就是引进和培养。按照定制化大数据人才培养方案，政校企都无法提供满意师资时，既可以考虑从社会上高薪引进高级人才的方式来解决，也可以通过培训已有师资的方式解决。在引培机制中，高薪引进的人才既可以是专职的，也可以是兼职的。技术专家和顾问一般采取兼职方式，也或许采取临时聘用举办短期培训会的方式，而业务外包人员则采取外包模式，解决师资问题。

3. 跨院系跨部门跨学科组建师资队伍

师资队伍全部靠引培机制的话，成本高，见效慢。事实上，大数据的多学科交叉性使很多师资已经分散在各个院系里，通过协调各个院系的相关教师就可以低成本、高效率地组建师资团队。尤其是按人才培养方案中的课程群组建师资团队，采取灵活的团队交流方式，就课程前后衔接、教学内容重难点划分、培养方式、教材编写、综合实践项目的协调指导进行研讨交流，形成合作备课和合作教学计划，提高人才培养质量。但是，打破原有的学科限制，跨院系、跨部门、跨学科组建师资队伍，需要校方在专业建设、教务管理、师资管理上给予支持，甚至有时候需要政府和教育部门的协调。

（三）建立动态师资调整机制

当学生从高校毕业进入社会，所具备的能力与素质就被检验出来，以此评价培养效果。根据培养效果和当前的最新社会需求，又要重新评估师资力量，解决师资整合问题，形成新的师资团队，并以此确定专业培养方向和人才培养方案，不断优化人才培养模式，提高人才培养质量。

三、注重多学科交叉融合的师资团队建设

大数据的多学科交叉融合特性要求师资团队学科结构合理，教师的本科专业、研究生专业、博士专业最好是跨学科培养的，或即使教师本硕博都是同一学科，那转型发展为大数据教师时，鼓励其通过继续教育、社会培训、自学的方式增加多学科领域知识的学习，并通过项目将储备的各专业学科知识交叉复用

起来。

具体的建设策略有：

（1）团队里至少有计算机学科、应用数学理学学科、经济管理大类学科三类学科的教师，各自占比 30% 左右。

（2）团队里专业能力结构分布要合理。大数据核心教师团队人数应该占60% 以上，保证完成大数据核心课程的授课、课程建设，甚至是大数据专业建设。团队 20% 的教师能从事大数据科研活动，进行大数据学术论文、项目、专著、教材等科研活动。剩下 20% 的教师承担大数据理论基础课程的授课。这一类教师大数据技术和工具掌握程度可以低一些，以概述性理论知识讲授为主，他们虽然技术能力不显著，但一般是授课效果好的优秀教师，教学水平较高，能够提高学生的学习兴趣，为后续的专业主干课程和核心课程的学习奠定坚实的专业基础和学习兴趣。

（3）团队里"双师型"师资占比应该在 70% 左右。大数据的行业应用性很强，教师的项目经验、企业实践能力都是必备优势，"双师型"教师在大数据应用型人才培养上才有专业优势，人才培养质量较高。在师资建设时，鼓励教师顶岗实习、挂职锻炼、承担横向项目、指导学生参与学科竞赛、考取大数据分析师专业技能证书等措施，多维举措提升教师应用实践能力，夯实大数据师资团队力量。

四、建设"双师型"教师团队

通过和 IT 行业知名企业的合作，根据产业学院的合作和管理模式，有效利用企业的技术、培训、市场等资源，从企业中选择经验丰富的企业导师到学校授课，承担部分专业核心课与实训课程。安排专业教师到企业进行培训和学习，培养专业教师的大数据应用能力和工程实践，并定期开展校企双方的交流和探讨，企业通过与新技术紧密衔接的课程资源、智慧化教学平台、多维度的师资培训等，助力高校教师了解行业发展趋势。具体来讲：采用多种方式使教师团队在前沿技术、实践技能、信息化教学能力三个方面得到全面提升，形成一支具有 IT类行业较好工程实践经验的专业师资队伍，最终形成一个双向交流平台，搭建企业技术专家与学校老师共同交流平台，共同提升工程能力和实践教学能力。

五、鼓励产学研教师队伍的合作建设

人才是国之栋梁，也是强校之本。德国的教育以行业需求为导向，以实现学生能力为本位，充分重视行业的核心地位。"双元制"教育模式提倡企业和社会广泛参与到教学环节中，学生有学校和企业两个课堂，分工明确，其中学校的课堂只占1/3。"双元制"教育模式还注重学生实践技能的培养，提倡学生为未来工作而学习，学以致用，是校企联合"协同育人"的典范。

校企合作应该注重学校与企业双赢，注重高质量人才培养和企业用人需求的交互，注重学生在校理论学习和企业实践的深度融合。在校企合作过程中，不仅要考虑学生在校专业知识理论体系能支撑良好的企业实习实训，还要考虑在企业实习过程中，先进的知识技术能融入已学的理论结构体系中。企业要参与人才培养方案的制定，课程建设和改革、实习实训毕业设计（论文）的指导，教学质量的评价，与学校共同实施人才培养，共建教学师资队伍，共同指导生产实习实训，共评人才培养质量，将人才培养与自身产业需求结合，针对育人，精准育人，从而有效地解决学校和企业知识结构体系的融合和对接，真正实现协同育人的"双赢"。

校政企联合共建产业学院，可以名正言顺地要求合作企业派遣具有丰富经验的大数据方向工程师来授课，以及开展培训和讲座，同时也定期安排专业教师到企业进行学习和培训。长此以往，经过几年的合作，可以确实建设具有较强大数据方面工程实践能力的"双师型"教师团队。

在政校企联合培养大数据人才过程中，产学研师资团队的建设较为困难。这是因为企业导师因自身工作关系一般难以抽身到学校课堂进行教学活动，出现"会做不能教"的难题，而高校教师是"会教不会做"。高校教师理论知识丰富、专业知识扎实，但缺乏企业实践经验，又因教学关系难以分身到企业上班，寒暑假又因私人放假时间不愿到企业顶岗实习，从而出现"只教不做"的现象。如果政府和学校出台柔性的产学研教师团队建设鼓励政策，减轻企业导师或高校教师自身工作压力，那么在无额外工作负担的情况下开展互动交流成长计划还是可行的。另外，还可以通过互助成长计划，学校认定"双师双能"型教师后给予一定的工资补助，激励教师或企业员工积极开展教师流动计划，互助互惠提高产学研师资团队的建设力度。

六、构建校外专家团队

我国大数据人才整体匮乏严重，大数据师资更是极度匮乏。很多数据科学家、数据工程师多集中在校外各行各业里，而大数据专业建设和人才培养离不开专家引领和指导，单纯依靠校内普通教师的专业优势显然不足。因此，构建校外大数据专家团队对专业建设、学科发展、人才培养极其重要。如移通学院有 3 个专业在培养大数据人才：数据科学与大数据技术、大数据管理与应用、信息管理与信息系统，前 2 个专业均为新专业，后 1 个专业属于转型培养大数据人才的传统专业，可见这 3 个专业的原有师资都不属于专业的大数据师资。由于在新专业发展规划、实验室建设、课程开发、师资培训、校企合作、学科竞赛、学术活动、学科发展等方面都需要专家团的指导和引领，所以移通学院柔性引进 3 位校外专家，助力专业发展和人才培养。

第三节　重庆邮电大学移通学院应用型大数据
人才培养师资建设

一、顶层设计，发展大数据类专业，建设大数据类师资队伍

（1）计划：移通学院顶层规划大数据专业群建设，鼓励各院系大数据人才培养与社会的联动计划，从学校顶层规划大数据实践体系建设和师资建设。

（2）实际：2017 年，移通学院给出信息产业商学院的整体发展战略定位；2018 年将原通信与信息工程系更名为通信与物联网工程学院，计算机科学系更名为大数据与软件学院，自动化系更名为智能工程学院，并将物联网工程、信息管理与信息系统专业写入校"十三五"学科专业规划里进行重点打造，鼓励各二级院系积极开展产学研协同育人模式的探索。学校于 2017 年统筹安排大数据

与软件学院申报数据科学与大数据技术、2018 年统筹安排数字经济与信息管理学院依托信息管理与信息系统专业建设基础申报大数据管理与应用专业，目前两个新专业已招生近 700 多名学生。为促进资源整合和学科交叉融合发展，学校明确大数据实践体系的建设单位为大数据与软件工程学院，数字经济与信息管理学院为协助单位。针对大数据师资团队薄弱、专业教师人员配置不足的问题，学校顶层设计明确全校大数据智能化类师资团队的建设导向：全校各二级院系合力建设，教师人员根据教学任务和专业建设目标实现全校统筹调配。

二、加强"双师型"师资队伍建设

互联网信息的免费共享、在线教育的普及使知识不再专属某个专家或某个学者，知识的透明性和开放性给了当代教师前所未有的学习压力。老师在课堂上讲的知识，也许百度比你讲得更清楚；老师精心准备的案例，也许抖音视频比你讲得更有趣。当代的老师，再也不是单纯地"只会教"的知识传播者，也不是单向信息推销者，更不是"呆若木鸡"的播放机。老师会的网络有，老师不会的网络还有。因此在当代，不管是哪类专业学科的教师，都不能仅靠知识获取学生青睐，更多的是要靠经验和智慧。经验和智慧是网络没有的，是不可替代的，是学生愿意与之互动学习本领的关键。

基于此，有能力、有经验、有智慧、有爱心的"双师型"教师是师资队伍建设的重点。移通学院每年都有计划地选送教师到地方、企业接受培训和实践锻炼，以提高教师的专业实践水平。移通学院的教师到企业实践锻炼分为短期锻炼和长期锻炼两种方式，以参与企业项目研发和设备检修两种形式将理论与实践相结合，真正融入企业一线，丰富企业经历，积累实战经验，完成"双师型"教师的培养，实现提高教学水平。短期实践锻炼是老师们利用寒暑假到相关企业进行挂职锻炼。通过短期锻炼，教师及时了解所在专业的最新研究现状和发展趋势，同时集中解决自己在教学过程中发现的问题，提高自身的专业水平。长期实践锻炼是实现校企联合的培养模式，学校有计划地选派一定的教师到企业专业岗位实践锻炼，参与企业的数据采集、数据清洗、数据分析及数据应用等工作，在实际工作中提高理论水平，促进教师向"双师型"发展。

与此同时，学校改革教师引进制度，实行专兼结合的教师聘任制度。引进行业工程师，聘请企业实践经验丰富、技术操作能力强的优秀技术人才、管理人才、产业教授担任兼职教授，指导学生毕业设计，参与二级学院教学管理和学生管理。

三、以"双元制"培养为契机提升师资实践能力

在"双元制"模式（企业和学校联合培养）下，学生有两个课堂，也就意味着有两个导师：一个是学校的导师，另一个是企业的导师。就目前我国的高等教育而言，企业很难融入高等教育的全过程，"双导师"的实现可能会有一定的难度。而高校部分教师长期从事学校教育事业，所教授的知识、技术滞后于社会的发展，新招聘的教师大多数是研究生及以上学历，又缺乏一线生产实习和工作经历，企业中有丰富经验的技术型人才又达不到高校教师的任职条件，从而导致"双师型"教师人才匮乏。在校企合作过程中，只有培养一支既专业理论知识过硬，又能胜任企业实际工作的、了解专业发展前沿技术的校内"双师型"教师，才能为顺应时代的人才培养奠定基石，才能在校企合作过程中相互促进。

大数据类专业要适应产业升级，以专业对接产业。学校要主动与企业建立交流联系，一是要有目的、有计划、有组织地开展校企合作，在充分协商，减少企业人力成本的基础上，安排教师到企业挂职、顶岗或兼职，丰富教师的实践知识，更好地运用于实践教学活动中；二是加强教师与企业员工的交流和学习，鼓励教师参与企业的培训，保证教师教学工作中知识的更新，加深教师对企业实际工作的了解，为学校培养符合企业需求的人才做准备；三是邀请企业骨干人员到校兼职，或为学校教师培训，帮助教师解决教学过程中遇到的实际问题，为"双师型"教师队伍的建设提供企业保障。

四、鼓励教师参加各类培训，夯实大数据管理与应用师资队伍建设

如前文所述，移通学院大数据类人才培养主要是数据科学与大数据技术、大数据管理与应用、信息管理与信息系统三个专业。但就信息管理与信息系统专业而言，因为原信管类专业教师转型大数据类师资，故相关培训计划多于其他两个专业。数据科学与大数据技术专业的师资主要从原计算机类专业教师转型而来，大数据管理与应用专业是多学科交叉复合型人才，故师资培养除原来的经济管理类教师转型外，更多的是新进老师。下面以信管专业为例浅谈大数据师资建设

问题。

(一)"引进来""送出去"全方位发展大数据师资

信管专业教研室计划通过"引进来""送出去"完成校内外师资培训,鼓励教师参与认证学习和攻读博士研究生。截至目前,合计大数据专业骨干教师培训人次达到10人次以上。

移通学院信管专业新进计算机科学、大数据、信息管理与信息系统类专职教师10人,其中副教授2人,支持5位教师在职读博。"引进来"专家15次来校作主题报告、专题培训、交流研讨,受惠教师达140余人。"送出去"培训人数达33人次,23人获得专业技能证书,派送顶岗实习教师3人。

(二)加强"双师双能"型教师的培养

信管专业教研室计划鼓励教师参加行业认证考试,取得大数据行业职业认证资格,委派教师到大数据产业机构顶岗实习和接受企业培训,提高"双师双能"能力。

在原教师队伍中,有30%的教师在企业工作过或取得了相应的职业资格证书或行业培训证书。新进教师10人中有2人具有企业实践能力,具备"双师双能"教师标准。2018年和2019年共输送23位教师参加专业技能培训,并取得相应的技能证书;输送3位教师顶岗实习,在企业参与实际项目,提升"双师双能"实践应用能力;邀请3位企业高管来校专题培训,提高全体教师的业务能力和实践应用能力。通过2018年和2019年的师资培训工作,项目团队的"双师双能"型教师比例达到50%以上,圆满完成任务。

(三)制定师资培训制度和教师专业发展规划

信管专业教研室计划每年根据上一年师资建设情况,调整和修订新的师资培训制度以及教师发展规划。例如,制定新进教师岗前培训、听课制度、继续教育、能力提升等方面的制度文件要求,通过五个教学团队拟定个人职业发展规划。

通过师资培训制度和教师发展规划的调整和修订,不仅提升了整体的师资水平,也为一些特殊、个性化师资找准了发展方向,有效培养了教师的综合能力和个性化能力。

（四）组织教师参加国内（外）技能培训

信管专业教研室计划每年组织教师参加国内（外）技能培训，培训后再返校共享给学院其他教师，以点带面地提高全体教师业务水平。

2018 年和 2019 年共组织 23 位教师参加专业技能培训，并取得了相应的技能证书。参加学习的老师返校后有 5 人以教研室会议、专题会议的方式分享所学内容，有 8 人以承担某门课程教学的"老"带"新"方式培养了 8 名未外出培训的老师。

（五）完善教师与行业双向交流机制

信管专业教研室计划利用寒暑假委派教师进企业顶岗实习、会议交流、教学与学术项目共建。

2018 年暑假，委派 2 名教师前往校企合作单位顶岗实习 1 个月，2019 年 8 月委派 1 名教师到校企合作单位顶岗实习 1 个月，2020 年 7 月，派出 2 位专业教师到校企合作单位进行数据采集与数据清洗岗位实习。

五、师资建设成效

师资建设期初目标是：①加强师资队伍建设，提高大数据智能化人才培养质量。明确人才培养目标，加强师资队伍建设，建立一支能够培养出具有大数据智能化综合能力优秀的学生的教师队伍。②探索大数据智能化人才培养模式，完善产学研协同育人机制和实践教学体系。完善理论及实践教学体系及培养方案，优化课程群及课程体系建设，开展教学方法改革，保证本专业在数据采集、数据处理、数据存储、数据分析与应用等领域形成专业优势和特色。

师资建设成效显著：①通过自学、参加社会机构培训、参加学术研讨会议、到校企合作单位顶岗实习、在职读博、考取大数据技能证书、实验室建设单位课程教学师资培训，加强了师资队伍建设，提高了大数据智能化人才培养质量，学生到大数据产业实习率较往年大幅提高，学生获得大数据技能培训证书实现"零"的突破。②与重庆市本地智慧医疗和智慧医管企业建立产学研协同育人模式，并开展企业导师直接指导学生毕业设计（论文）的方式培养企业所需人才，建立了企业与学校的互培互派师资流动机制，保证本专业在数据采集、数据处理、数据存储、数据分析与应用等领域的专业优势和特色。

大数据产业及大数据教育属新兴领域，具有专业背景的大数据师资较少。现从事大数据类课程教学的老师绝大多数都是从其他相关专业转型而来，缺乏企业实战经验。高校老师往往通过参加社会培训机构或自学转型，与真正意义上的大数据教师有一定差距。

今后，信管专业教研室将继续加大师资建设力度，提升"双师型"老师占比。

（1）继续补充大数据类专业教师，计划再引进5位专职大数据老师。

（2）继续鼓励现有老师通过自学、参加社会培训、在职读博等方式积极转型为大数据类专业老师。

（3）继续通过5个教学团队实施"老"带"新"师资培训计划，提升新进老师业务水平。

（4）继续引进高层次人才作为项目组学术带头人、课程建设人、企业导师等，通过高层次人才加强师资培训，提升现有教师的学术能力和业务能力。

（5）继续加强与校企、校地、校校合作单位之间的互培互派师资流动工作。一方面是采取合作方委派技术专家来校给学生上课、给老师做师资培训、给师生做专题报告、给学生指导毕业设计（论文）、给实习生当指导老师的方式，扩充项目组的师资力量。另一方面利用寒暑假，委派教师前往合作单位顶岗实习、组织教师到合作单位交流学习以增加校内专职教师的实践能力，从而提升双师双能教师的占比。

（6）继续鼓励教师参加社会机构大数据技能、大数据教学培训学习。

（7）继续鼓励教师参加大数据技能证书考试和职业资格认证考试。

第七章
培养模式

人才培养模式是实现人才培养方案中培养目标和人才规格的教育总和，包括实现人才培养的方法、手段等要素（刘献君、吴洪富，2009）。

第一节　人才培养模式的内涵分析

自20世纪80年代以来，人才培养模式改革就成为中国高等教育改革的重要议题。时至今日，人才培养模式的创新与改革仍然是高等教育改革发展的重要一环。

新时代高等教育改革，提出要加强和改善党对高等教育工作的全面领导、精耕细作高等教育内涵式发展、做优做强高等教学对外交流合作、落实和扩大高校办学自主权。精耕细作高等教育内涵式发展就是找准人才培养目标定位、结合高校实际和地方经济发展，围绕"双一流"建设目标，完善特色鲜明、优势明显、切合实际、适应需求的高等教育体系，更新教书育人和人才培养模式，打造"金课"，杜绝"水课"，主动适应国家和区域经济社会发展需要，培养高素质创新型全面发展人才。

什么是人才培养模式呢？20世纪80年代，学者们开始关注人才培养模式问题，但真正明确提出人才培养模式概念的则是在1993年。1993年，刘明浚在《大学教育环境论要》中首次对这一概念作出明确界定，提出人才培养模式是指"在一定办学条件下，为实现一定的教育目标而选择或构思的教育教学样式"。而教育行政部门首次对人才培养模式的内涵做出直接表述是在 1998 年教育部下发的文件《关于深化教学改革，培养适应 21 世纪需要的高质量人才的意见》中，该文件指出："人才培养模式是学校为学生构建的知识、能力、素质结构，以及实现这种结构的方式，它从根本上规定了人才特征并集中地体现了教育思想和教育观念。"

20 世纪 90 年代，对人才培养模式概念的研究越来越丰富，有的学者认为人才培养模式是实现人才培养目标的培养方式，有的学者认为是构建学生应具备的知识、能力和素质结构的构建方式，有的学者认为人才培养模式是贯彻人才培养的教学活动总和，也有的学者认为人才培养模式是反映教育理念和教学方式的教育本质。这些观点虽立意不同，但总结起来大体指出了人才培养模式是实现人才培养目标的一种教学活动及其育人方式。人才培养模式既要反映一定的教育思想、教育理念，同时又要具有可操作性，涉及教育资源的管理和教学活动的管理，其中包括培养目标、专业设置、课程体系、教育评价等多个要素及制定目标、培养过程实施、评价、改进培养等多个环节。

第二节　应用型大数据人才培养模式的问题分析

一、超学科培养模式难以实现

大数据人才是典型的跨学科高级复合型人才，具备不同学科体系的知识结构，一般精通计算机科学、统计学、信息技术、软件工程、人工智能、可视化、信息经济学、网络科学、社会科学、决策科学等多学科知识。因此，大数据需要一种跨学科的培养模式——超学科人才培养模式，但是，目前还没有单个学院或专业具备大数据人才培养能力。

二、专业培养方向难定位

大数据最初发展于天文学和基因学，后应用于互联网行业、工业制造、健康医疗、金融保险、公共行政管理、现代农业、文化与教育、卫生与安全、军事与国防等各个领域。每个行业的大数据特征均不完全相同，分析目的也不相同，导致了各行各业需要不同经验和不同思维的大数据人才。而对于学制有限的专业不可能面面俱到，那专业培养方向如何定位？如果定位于培养基础层次的通用型人才，这种通用型大数据人才是否真的是企业所需，是否真的能尽快融入到具体行业中开展工作？而精确到某一个行业开展专业领域大数据人才培养的话，学生就业面窄，不利于学生的职业发展。

三、大数据实践条件尚不成熟

大数据人才培养的核心是处理大数据的实践能力培养。因此，大数据人才培养谁来构建的核心是要拥有大数据，并学会处理大数据。第一，大数据从何而来？第二，杂乱无章的非结构化大数据处理的框架技术、挖掘算法、可视化语言运营的软硬件实验室？高昂的投资成本与经济效益之间的矛盾如何平衡？这些问题单凭高校的某个专业无法得到解决，需要高校几个专业的融合发展、政府扶持和企业参与才能合理打造大数据培养计划。

四、校企合作深度不够

大数据人才培养，校企合作保障其数据条件的实现。但是，企业往往考虑商业信息泄密的风险而选择形式合作，核心业务数据与关键算法技术是很难全面共享的。另外，合作中的利益冲突，沟通与协调成本都使企业不愿意深入参与。流于形式的校企合作，使大数据人才培养没有了土壤和根基，仅凭校内的理论培养无法为社会输送真正的大数据人才。

五、师资力量匮乏

师资是人才培养的主体，师资的知识体系决定着学生的知识体系，师资的实践经验决定着学生的职业远景，师资的战略眼光决定着专业发展方向。然而，大数据人才短缺也意味着大数据师资的严重短缺。目前，一些高校教师积极转型学习大数据，但是转型期需要一定的时间，且转型效果难以估计。师资的短缺还导致专业书籍和教材的缺乏，教研教改、学术科研成果不明显，最终导致高校大数据人才培养很难落实到具体的专业培养中去，很多教师采取一边自我学习一边摸索教学的方式培养学生，其培养效果可想而知（刘贵容、秦春蓉、林毅，2018）。

第三节　应用型大数据人才培养模式对策建议

综合前文应用型大数据人才培养的难点与对策，基于社会需求的大数据人才定制培养模式能较好地规避这些难点问题。抓住了社会需求这个源头，人才培养方向不再盲目，课程设置、学分安排、实践教学、师资团队构建也都逐一明朗，学生行业应用能力得到提升，还能帮助学生解决实习与就业问题，实现多方共赢。由图7－1可知，高校可以通过校政企联合、校企联合方式直接获取社会上各个机构对大数据人才可能的需求特征，也可以通过间接渠道获取需求，然后根据需求有针对性地定制化培养大数据人才。联合培养的大数据人才再应用到这些社会机构中去，并根据应用效果进行联合培养效果的评估，根据评估结果调整联合培养计划，实现良性循环的人才培养模式。

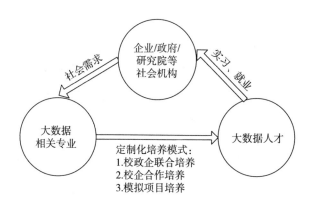

图7－1　以需求为导向的定制化大数据人才培养模式

以需求为导向的定制化培养模式具体分为以下三种：

（一）校政企联合培养模式

1. 模式内涵

校政企联合培养模式是指政府牵头和出资建设大数据人才培养项目，推进跨高校、跨学科、跨领域的大数据产业发展；高校主要负责师资团队建设以攻克大数据技术难关，挖掘数据价值，并培养大数据人才；企业负责提供数据实践的条件，甚至与高校联合培养数据人才，并为培养的数据人才提供实习、就业与培训机会。

2. 典型实例

校政企联合培养模式的典型实例是贵州省大数据产业发展项目。贵州省政府通过政策扶持，优惠奖励政策鼓励高校和企业发展大数据产业。目前，"贵阳造"大数据人才培养计划在国内大数据产业领域已经崭露头角，其培养模式具有一定的领头作用。国内顶尖的云计算研发和营运公司北京讯鸟软件有限公司于2013年落户贵阳市，并在政府牵头下与贵州财经大学签订校企合作协议，双方联合成立云计算研究实验室、人才培养基地。贵州轩通大数据科技有限责任公司与贵阳市经济贸易中等专业学校联合建立"贵阳市大数据产业技能人才培养示范基地"，与中国科学院、贵州大学、贵州民族大学、贵州师范大学等高校院所签订了校企合作协议，以建立实习基地、实训基地、就业基地、联合实验室及校企合作培训教学等方式培养大数据人才。北京信者科技有限公司与贵州大学、贵州民族大学、贵州师范大学、贵州师范学院、遵义师范学院、贵阳护理学院、贵州工业职业技术学院合作，在这些高校内建立大数据试验中心、云平台、大数据培训和研发基地，开发 DS－BOX 等。

3. 策略分析

贵州省内类似的校政企联合发展，提高产学研融合度的案例非常多。可见，校政企联合培养模式是大数据人才培养较常见的一种模式，但从全国范围来看，还不普及。由于该模式需要政府牵头，还要协调企业参与，资金投入与人才投入又较高，要解决的大数据项目规模大、难点多，很多地方政府都在尝试学习中，导致很多地方院校没有机会得到政府扶持与鼓励，校政企联合培养模式也就无法实施。从这个层面上说，政府首先应该提高对大数据的认知，其次制定地方大数据产业发展计划和扶持政策，协调当地院校和本土企业，促成校政企联合培养模式的具体实施。但是，由于各个地方政府都在着力发展大数据，难免造成重复建设和资源浪费，所以政府在制定地方大数据发展战略时，不要盲目扩张，应该具备全局视野和前瞻性，以便未来有更好的柔性、低成本和高效益。

（二）校企合作培养模式

1. 模式内涵

校企合作模式是指高校与企业的联合培养，这种模式基本没有政府参与，高校主要负责跨学科师资团队的构建，解决企业发展运营中的各种问题，定制化培养企业所需的专业人才；企业在该模式中，仍然充当数据支持者的角色，为高校人才培养提供真实数据，甚至提供企业导师作为辅助师资，配合高校培养大数据人才，最后为这些数据人才提供职业发展机会。

2. 典型实例

IBM 公司与诸多高校联合推出的"百企大数据 A100"计划是这种模式的典型例子。为了推进大学与企业合作，探索如何应用大数据提升企业营销效率，IBM 公司与香港中文大学市场学系、对外贸易大学国际商学院、西南交通大学经济管理学院等联合宣布推出"百企大数据 A100"计划。加入该联盟的高校将向 100 所拥有 B2C 数据的企业投放专业的教授、研究生及本科生，帮助企业进行数据库整合、数据库挖掘、市场决策支持、产品推荐、社交聆听等大数据领域的分析和研究。IBM 公司为此计划提供了全面免费的软件使用和技术支持，共同建立营销工程实验室。

3. 策略分析

校企合作培养是大数据人才培养中最为普及且可行的培养模式。在这种合作模式中，合作难度与要求低于校政企合作，其跨界领域也不如校政企合作宽阔，合作团队的组建也不复杂，往往是企业与高校协调沟通就行，无须多机构协调沟通。但是，校企合作的最大弊端是合作形式化，企业出于各种考虑很难与高校深入合作。正如前文所述，解决办法只有科学严密的合作协议才能保障企业的参与积极性和合作利益。

（三）项目模拟培养模式

1. 模式内涵

没有校企合作的高校缺乏实践环境，难道就不培养大数据人才了吗？没有真实的企业数据条件，就模拟创造数据条件，尝试培养初级层次的大数据人才，或者为后续大数据人才的更高一级学习打好基础。基于这种思想，采取模拟项目培养模式较为可行。既可以通过网络收集行业数据，如向统计机构和研究中心购买数据，也可以通过网络爬虫软件收集网络数据，然后指导学生实践分析。另外，也可以通过实地调研或问卷调查的方式收集数据，然后进行统计分析，培养学生数据处理能力。

2. 典型实例

移通学院信管专业在转型培养大数据人才方面虽然有校企合作企业，但是合作过程中很难达成共识，业务也就无法深入开展。在得不到校企合作的真实数据情况下，移通信管专业采取社会第三方渠道获取某行业数据，并指导学生收集其感兴趣的行业发展数据，然后模拟企业运营要求进行数据统计和挖掘分析。

3. 策略分析

这样的项目模拟培养模式在一定程度上培养了学生数据分析的基本技能和大数据分析思维，但是离真正的大数据人才相去甚远。项目模拟培养模式只能作为入门级大数据人才的培养方式，待信管专业积累更多的大数据发展经验和师资团队后，可以摒弃这种模式，采取更有效的校企合作模式或校政企联合模式，培养企业所需的大数据人才。

大数据人才荒与大数据人才培养落后的矛盾给高校大数据人才培养带来发展机遇，但也有挑战。通过校政企联合培养、校企合作培养、项目模拟培养可以较好地解决当前大数据人才培养的超学科难融合、专业定位难、校企合作不深入、数据实验基础条件差、师资力量缺乏等问题。在大数据产业高速发展背景下，政府大力扶持和数据产业链的完善，都会给高校大数据人才培养提供更好的产学研生态环境，高校必将摸索出更好的人才培养模式，满足社会用人需求（刘贵容、秦春蓉、林毅，2018）。

第四节　重庆邮电大学移通学院多元化应用型人才培养模式

移通学院于 2013 年时加入教育部发展规划司《关于推荐有关院校参加应用科技大学改革试点战略研究的通知》部署的应用科技大学改革试点战略研究，并以此为契机，结合学校办学定位和发展思路，不断探索应用型人才培养模式改革，现已形成与企业无缝对接的人才培养、校企合作人才培养、"双元制"人才培养以及"四位一体"人才培养等集中模式。

一、与企业无缝对接的双体系应用人才培养

传统本科教育培养的学生毕业后对工作无所适从，大学学习与社会需求脱节情况较为严重。为解决这一问题，实现企业需求与人才培养的无缝对接，移通学院全面引进完全知识产权的"双体系"软件培训模式（"双体系"是中国大学生软件实训的领导品牌，由中科院研究生院计算与通信工程学院和知名教育机构天地英才联合创办的"技术实战＋职场关键能力"两套系统并行的全新教育模式，面向在校本科生提供精品实训课程，是为了解决 IT 企业招聘难题以及大学生就业难题而采用的教育体系模式），并成立"双体系"卓越人才教育基地，对所有在校本科学生进行职场关键能力课程教育；同时选拔部分具有软件基础和有志成为软件精英人才的优秀学生进行实战特训。

软件技术实战要求参训学员掌握 Java 软件技术开发的相关专业技术知识，并通过实战项目将知识转化为动手能力和具体的成果；职场关键能力则帮助参训学员提前了解职场规则，认识职场角色定位，理解服从、执行与结果，学习并掌握职业人所需的综合技能。

双体系培训每学年开设两期，每年 6 月和 12 月面向全校大三下学期和大四上学期的学生进行公开选拔，从中择优录取 108 位学生进入双体系进行培训。技术培训采用技术理论课、技术实战课、技术串讲课和项目实战结合的方式进行，能力培训则以职场能力课为主、日常管理和辅导为主。双体教学始终坚持小班化

教学，每个班级不超过 36 人，每班配备一名技术教师，一名职场能力教师。为使双体系学生的学分与学校培养方案接轨，学校专门出台了《关于参加双体系精英教育实验班学生课程及学分认定》的通知，充分考虑双体系学生的课程置换，以保证双体系学生的学习效果。

截至目前，双体系教育实验班共招收五期学员共 500 余人，其中四期学员已经顺利毕业。通过在实验班的学习，学生们收获颇多，能够熟练掌握 Java 语言知识及相关应用，有实际开发项目的经验，能更好地进行有效沟通、团队协作，实现了综合素质的整体提高。总体来讲，学员就业情况良好，就业单位有惠普集团、腾讯集团、爱立信、百度公司、北京汉铭信通、北京 800 团购网、用友软件、中国移动、中国电信、中国联通、中国银行等知名企业，用人单位对学员的情况反馈良好，对双体系的培养效果表示肯定。

二、校企合作联合培养模式

移通学院多年来不断深化教育教学改革，通过"订单式"培养，加强校企合作，充分发挥学校为企业、为社会服务的功能，致力于培养服务地方经济建设和社会发展的高素质、高技能应用型人才。学院与中国联通集团公司签署了校企战略合作移通学院联通班协议，正式成立首个中国联通班。中国联通集团公司带领六家省级分公司和学校联合举办的首届联通班，是该院在市场经济环境下主动与企业对接，开创新的实践教学模式的有益尝试，极大地加强了学生的就业竞争力，为学生开辟了良好的就业市场。同时也是该院人才培养模式改革的一个创新点。

联通班实现了学校、学生、企业"三赢"，实现了校企无缝对接，可以更好地为地方经济建设服务。学院在培养人才方面注重提高学生专业能力的同时，更加注重学生实践能力的培养，缩短企业培养毕业生的成本与时间。从企业的需求出发，校企双方共同研究课程体系，共同研发教材，共同培育师资，共同实施培育计划，实现专业设置与市场需求零距离、课程设置与职业活动"零距离"、教学内容与岗位要求"零距离"的对接。从学生本身来讲，提前进入了职业规划，缩短了未来职业发展的规划期，增强了职业规划的目的性。学生通过实习、参与校园营销等方式了解企业，提前进入工作状态，缩短了职业角色的适应期，使其在校期间课程的学习更有针对性和目的性。

三、"双元制"人才培养模式

"双元制"也是应用型人才培养的一个途径。为使市场营销专业培养的学生有更强的实践能力,移通学院与营销大师叶茂中先生联合成立叶茂中营销学院。叶茂中营销学院依托学校深厚的工科优势、创新人才培养模式,推动实践育人、协同育人、合作育人,创新人才培养模式,着力于培养应用创新型人才以及具有技术背景的管理者,即培养营销策划领域的管理者。

叶茂中营销学院秉承叶茂中先生的营销策划理念,开设"叶茂中营销学""叶茂中策划"等课程,让学生有市场、有品牌。以往的市场营销专业注重学生理论知识的学习,但现代社会的发展要求大学生不仅要有知识储备,更要有实践动手和管理、领导能力,全面培养学生具有市场洞察、营销策略、品牌定位、产品卖点、广告创意、网络互动营销等综合能力,特别是管理、决策和领导能力。

市场营销专业的学生能从事工商企业和非营利组织的市场调研预测、市场营销战略规划与营销策划、产品开发管理、市场推广和国际市场开拓、品牌战略规划、营销诊断、电子商务、物流配送、企业形象设计、公共关系等方面的工作,以及相关的科研、教学工作。

叶茂中营销学院的成立是经济社会发展和学校跨越式发展的时代要求,是学校探索新的育人模式,提高办学水平和社会服务能力的客观要求。该学院将整合资源,发挥优势,突出特色,注入创意、创业、创新的活力,提高人才培养质量,为就业和创业打下坚实基础。

四、"商科教育+通识教育+完满教育+专业教育""四位一体"的人才培养模式

移通学院一直以来探索应用型人才培养模式,参照国外一流本科大学本科层次人才培养模式,采用全新的"商科教育+通识教育+完满教育+专业教育""四位一体"人才培养模式,注重学思结合,倡导启发式、探究式、讨论式、参与式教学,帮助学生学会学习,激发学生的好奇心,培养学生的兴趣爱好,营造独立思考、自由探索、勇于创新的良好环境,开发学生多种且互异的才华,以培养"完整的人"(Well-Rounded Person)为目标,充分激发学生个性的发展,培

养具有通识教育基础、扎实专业知识技能、较强的国际交流能力和视野的全面发展的社会中坚力量的领导者。

商科教育、专业教育、通识教育、完满教育的有机融合，能够实现学生从学校到社会无缝隙的完美对接和华丽转身。其中，商科教育是以培养商业经营管理人才基本素质为目的的教育模式；完满教育的目标则是努力培养学生具有优良品格、气质和综合能力，大力提升学生的情商；通识教育重在开阔学生视野，提升文化品位，培养学生的科学精神和人文素养；专业教育重点培养学生的专业技术应用能力。学院以培养"完整的人"为目标，努力培养学生成为具有社会责任感，具有较强的交流能力、批判思维、勇于质疑、专业创造、多学科融合、国际视野和多元化视野的高素质人才，最终成为未来社会中坚阶层的领导者。这样的培养理念和培养模式，打破了国内传统教育束缚学生发展的弊端，符合当前社会、市场及企业对人才的现实需求。

（一）商科教育

商科教育是以培养商业经营管理人才基本素质为目的的教育模式，它涵盖范围广、涉及专业多，以 FAME（金融、会计、管理、经济学）四大专业大类为代表。一般而言，商科教育分为传统商科和新商科，传统商科以专业职能教育为主，而新商科则以行业背景、交叉学科、创新创业教育为主。

根据移通学院信息产业商学院办学定位及未来社会中坚力量的领导者即信息产业中小企业中高层管理者的人才培养定位，学院确立了"商科教育＋完满教育＋通识教育＋专业教育""四位一体"的人才培养模式，即以商科教育为核心，加上信息产业的特色专业集群。以商科教育为核心是指人才培养的出发点和终极目标是商科教育，是培养学生成为信息产业的商业管理人才。

移通学院的商科教育定位于信息产业新商科，即以信息学科背景为依托，结合信息产业人才需求，从信息产业角度（课程结合信息产业案例、中小企业案例等）切入，再通过"商科＋完满＋通识"的融合创新，并结合信息产业社会实践来培养商业领导人才的特色商科。它不仅是知识体系，更是能力结构，目标是培养学生信息产业背景的商业思维、创新意识和领导能力。它对未来的期望是，在信息产业领域的新工科专业相关行业中，学校培养的学生能够大量地走上中高层以上的管理岗位。

移通学院的商科教育分为专业商科教育和领导力课程，由 2017 年更名的淬炼商学院组织实施。一方面，淬炼商学院对市场营销、工商管理、财务管理三个专业进行商科专业教育；另一方面，该学院的领导力课程教研室为全校非商科专业开设商科课程。目前，全校 2017 级、2018 级非商科专业从大二开始系统开设"3 + 1"课程，即市场营销学、人力资源管理、财务管理三门企业职能管理必修课程，以及管理学、组织行为学、现代广告学、企业投融资管理四选一课程。从2019 级开始，为凸显学校商科教育核心地位，将系统开设"6 + 2"课程，即六门必修课程："互联网＋"时代的企业战略管理、移动商务时代的品牌与营销管理、人力资源管理、财务管理、消费心理学、组织行为学；选修课程为 4 选 2：信息产业 MBA 案例分析、网络广告学、投融资管理、网络伦理与电子商务法规。除商科课程之外，淬炼学院还向全校学生提供金融职场节、商道问道讲座、商学图书馆、商业读书会等完满商科配套项目，以更全面地提升学生的商业思维、创新意识和领导能力。

（二）完满教育

移通学院以完满教育模式整合社团、志愿者、竞技体育、艺术实践四个方面的课外活动，培养全面发展的人才。组织丰富多彩的课外文化生活和科技创新活动，如拓展训练、形意拳、辩论赛、歌唱、表演、绘画、制作电影或者学院广播节目；建立学生自治组织，开展社会服务活动，如志愿者行动和义工等。

（三）通识教育

通识教育是以人为本的全面素质教育。移通学院通过开展通识教育，旨在开拓学生视野，锻炼学生学科之间融会贯通的思维能力，使之具备独立与完善的人格。

通识教学部主要承担全院学生通识课的教学工作，现有人文艺术教研室与综合教研室两个教研室，有专职教师 30 余名。

目前学院实施的通识教育核心课程方案包括六大板块，即人文精神与生命关怀、科技进步与科学精神、艺术创作与审美经验、交流表达与理性评价、社会变迁与文明对话、道德承担与价值塑造。前三个板块涵盖人文、艺术、科学三个方面最基本、最具体的通识教育，后三个板块则旨在培养学生的批判性思维、书面表达、艺术感受与鉴赏等多方面的综合能力。

以六大板块为纲，通识教学部开设了"三百年来的世界文学"等文学类课程，"从小说到电影"等艺术类课程，"苏格拉底、孔子及其门徒建立的世界"等哲学类课程。每一板块相应开设部分选修课程，如"经典电影赏析""劝服与说理""罗素与西方哲学史"等。

在基本教学任务之外，通识教学部还开展了"以书会友杯"读书比赛等活动，鼓励学生与教师之间的多元互动，在交流中迸射出思想的火花。

（四）专业教育

专业教育是各个专业所属学院开设的专业教育，包括专业基础知识及其能力素质的教育、专业核心知识及其能力的综合应用教育。专业教育由专业所属的二级院系负责，师资、教学资源、学生管理等都由所在院系作为教育主体加以实施。

前文第三章已经陈述过移通学院"商科教育＋完满教育＋通识教育＋专业教育""四位一体"人才培养模式下的人才培养方案及其课程体系设置，在此不再赘述。

在人才培养方案中，学生所学课程全部由"四位一体"人才培养模式对应的课程板块来锻炼学生的综合能力，以期达到应用型科技大学培养应用型人才的教育教学目标。

第五节　重庆邮电大学移通学院应用型大数据人才培养模式的探索

——产教融合协同育人模式

重庆邮电大学移通学院应用型大数据人才培养主要实施单位是学校的大数据与软件学院、数字经济与信息管理学院。大数据与软件学院主要负责数据科学与大数据技术人才的培养，数字经济与信息管理学院主要负责大数据管理与应用、信息管理与信息系统两个专业的大数据人才培养，而借助数字经济与信息管理学院在大数据产业方面积累的师资及校企合作资源，其他传统专业也慢慢开始培养行业交叉的大数据人才。例如，新申报的供应链管理培养方向就是基于大数据应用的智慧供应链人才培养，除培养传统的物流管理人才、供应链管理与应用人才外，还注重大数据在供应链金融、智慧物流、E－ERP供应链商务智能等方面的大数据人才培养。传统的资产评估专业也开始往互联网金融转型发展，增加互联网金融大数据课程培养复合型人才。

无论是哪个专业来培养应用型大数据人才，除遵循前文所述的"四位一体"＋书院制育人模式外，更加注重产教融合的培养模式，基于企业订单式培养企业所需大数据人才。

产教融合协同育人模式具体有校企协同育人、校地协同育人、校校协同育人、校院协同育人、校业协同育人。下面以移通学院信管专业培养应用型大数据人才为例作简要介绍。

一、校企合作协同育人

移通学院信管专业在获得重庆市大数据智能化类特色项目立项后，基于特色项目发展机遇，推进校企合作协同育人专业试点改革5项，分别对定制班育人培养模式和互培互派人才培养模式进行探索与对比分析。

首先，信管专业选择了两家重庆市本地智慧医疗大数据公司签订校企合作，分别是重庆众康云科技有限责任公司、重庆至道医院管理股份有限公司。其次，与重庆芯歌网络科技有限公司签订校企合作探索智能家居大数据人才协同育人。在智能建筑大数据人才培养方面，与广联达科技股份有限公司签订校企合作，通过广联达建筑信息模型（Building Information Modeling，BIM）实践教学软件、BIM系列学科竞赛、BIM毕业设计三种方式，协同培养智能建筑大数据人才。最后，与深圳市斯维尔科技股份有限公司联合申报教育部协同育人项目。

又由于每家企业的具体情况不同，所以在校企合作协同育人过程中，具体的合作内容也各有千秋。与上述5家校企合作单位达成协同育人模式的建设，确定了互培互派师资流动机制，建立大数据实践基地两个、BIM实践实训基地两个。定制班人才培养计划目前采取的方式是企业导师根据企业项目直接指导大四学生毕业设计（论文），让学生以实践项目的形式达到校企合作单位的人才培养需求。

可见，与本地智慧医疗企业和智慧建筑企业协同育人，开展双向师资队伍交流机制的建设，协同完成人才培养方案及其课程体系的改革，不断探索可行的产学研协同育人模式。目前，学院学生初具行业数据管理、商务智能、智能建筑的应用能力，已为大数据智能化类校企合作单位输送毕业生10余人。

（一）校企合作协同育人框架

1. 移通学院应用型大数据人才培养的需求萌芽

自 2013 年移通学院加入教育部应用科技大学试点项目改革以来，2014 年移通学院开始实施校企合作协同育人方案。数字经济与信息管理学院于 2014 年 5 月签订第一家校企合作单位——重庆至道医院管理股份有限公司（以下简称至道医管），自此开启了校企合作协同育人的培养模式。

信管专业也正是在 2014 年开始转型培养大数据人才，并在 2014 级人才培养方案中首次增加大数据类课程，包括大数据导论、大数据与市场营销，数据分析与应用统计学三门大数据类专业基础课，首先从理论课程开发入手转型培养大数据人才，师资逐渐以此开始培训与转型。

2014 年，"大数据""云计算""人工智能"这些词汇才刚刚开始流行，信管专业也开始转型培养大数据人才，其师资和课程建设是极其艰难的。为解决师资和课程建设这个难题，信管专业借助移通学院应用科技型大学的发展机遇，开始寻找企业合作，以企业的行业优势提升本专业大数据人才培养质量，并有效提升学校大数据师资团队的力量。

2. 校企合作逐渐深入

至道医管的业务领域与企业经营理念正好是应用型大数据医院管理行业的典型代表，又位于重庆市，与移通学院相距不远，其在医管大数据行业所具备的专家实力和业务产品优势正是信管大数据人才培养的机遇，信管专业主动拜访寻求合作。

而移通学院在信息产业商学院的办学定位下，在"四位一体"人才培养模式下，以综合型、应用型人才培养输出的毕业生正好是企业所需，在暑假实习、毕业设计指导、双向师资流动建设、成果申报、成果转化等方面都有合作需求，双面达成校企合作意向。

在与至道医管校企合作中有关人才培养、师资建设、实践项目锻炼、联合申报科研项目探索成果转换方面积累了一定经验后，移通学院继续扩大校企合作面向的领域，从智能医管大数据人才培养逐渐向其他行业延伸，后续与智能家居、智慧医疗、智能建筑行业的典型代表企业探索不同行业的大数据人才协同育人模式。

3. 合作宗旨

为充分发挥甲乙双方的优势，本着集成有用资源，提升企业创新能力和科技水平，同时提高教学质量和科研水平，促进学校、企业和社会的共同进步，甲乙双方一致同意在优势互补、共同发展的基础上建立全面的校企合作关系。

经甲乙双方友好协商，合作内容主要围绕着信息管理与信息系统专业重庆市大数据智能化类特色专业和国家双万重庆市一流专业的建设目标，开展深度产教融合，提高医疗大数据人才培养质量。内容主要包括信息管理与信息系统专业的应用型人才定制培养方案的制定与实施、信息管理与信息系统专业学生的就业与实习、大数据研究领域的学术交流、大数据应用领域的实践能力提升培训、大数据技术攻关领域的合作开发等几个方面。

4. 合作内容

双方在达成合作意向后，通过对协同育人合作内容进一步商谈后，构建校企合作协议，并举办签约仪式。后续按协议里协商拟定的合作内容开展校企合作协同育人工作，具体的合作内容有：

第一，甲方为乙方定制化人才培养提供配套资源保障，做好专业建设、人才输送、协同育人的相关工作。

第二，甲乙双方共同协商构建信息管理与信息系统专业人才培养方案的课程体系。

第三，甲乙双方根据人才培养需求，合作进行信息管理与信息系统专业的课程改革与建设。

第四，甲乙双方据实开展企业实践项目或校方教科研项目合作研发。

第五，甲乙双方参与产教融合发展的学术研讨会、专家培训会，合作工作协调会等双向交流活动。

第六，乙方高管、专家等大数据行业带头人可以直接参与课堂教学、毕业设计（论文）、课程实践"一对一"指导、学生实习指导、教师顶岗实习指导等定制化医疗大数据人才培养的所有工作。

第七，乙方适时选拔信息管理与信息系统专业优秀学生到企业实习或就业。

第八，依据协同育人要求，开展定制化人才培养所需的实践配套资源（如大数据管理与应用实践操作平台、数据集、指导老师等资源），甲乙双方可协商构建与完善。

（二）校企合作协同育人模式

1. 协同重构人才培养方案，重建若干大数据专业核心主干课程

对标教育部专业建设质量标准要求，通过大数据人才需求的调研报告，确定数据采集、数据处理、数据挖掘、数据应用四类应用型大数据人才的培养，并根据校企合作单位（重庆至道医院管理股份有限公司）用人需求，协同制定人才培养方案，以专业核心课程大数据商务分析与应用、商务数据分析综合实验强调数据分析师、数据可视化报告师人才培养，最终形成2019级人才培养方案。

在信管专业大数据人才培养的总体方案设计上，大数据分析与应用能力的培养，则邀请校企合作单位共同制订专业人才培养方案。相比于2017级培养方案，为更好地服务于大数据产业发展国家战略，课程设置对接产业需求，在2018级培养方案中新增Python语言程序设计（2学分）、Python语言程序设计课程设计（1学分）两门大数据分析与处理基础语言课程，为适应企业大数据分析的更深层次挖掘需求，对接校企合作单位，新增数据挖掘原理与技术课程，同时根据专业发展及企业大数据分析应用需求，开设了三个模块的限选课程：

模块一：人工智能技术、机器学习及大数据技术及应用综合实验。

模块二：大数据商务分析与应用、商务智能与决策支持系统、电子商务与网络营销及商务数据分析综合实验。

模块三：信息资源管理、信息分析、信息组织与检索。

为进一步优化2018级人才培养方案，提升应用型人才的培养质量，完善大数据分析处理全流程，在2019级培养方案中新增数据可视化专业任选课。

以上成果体现在2019级人才培养方案以及2019级人才培养方案与2018级人才培养方案的对比分析报告里。

人才培养方案的重构、课程体系的调整，使培养方案更有层次性，更具行业领域的特征。

分层次：形成了学校顶层设计、二级院系牵头组织、项目团队具体实施、校企校地校校协同育人四个层次的分层培养。

第一层：以学校顶层设计为首。定位于信息产业商学院的办学定位，成立大数据与软件学院、智能工程学院、通信与物联网工程学院，旨在顶层全面指导学

校大数据智能化类人才培养。

第二层：二级院系牵头组织。信息管理与信息系统专业归属到管理工程系，由管理工程系全面组织项目组成员负责项目建设。

第三层：信息管理与信息系统专业教研室具体负责。人才培养所涉的具体工作，如师资建设、课程改革、人才培养方案、教学工作等均由专业项目组具体落实。项目组在人才培养体系中主要负责校内理论层次和实践层次的人才培养。

第四层：校企校地校校协同育人。项目按照建设要求，已与重庆市两家本地智慧医疗大数据企业建立协同育人模式，与广联达科技股份有限公司签订校企合作协同培养智能建筑人才，建立1个校外大数据实践基地，1个BIM实训中心，建立互培互派师资流动机制，初步开展定制班育人机制；已与合川本地信息安全产业城达成校地合作意向，与合川本地两所同类院校达成校校协同育人意向。协同育人层的合作企业主要负责校外实践层次的人才培养，部分企业导师也负责校内理论层次人才培养；合作高校主要负责校校之间理论层与实践层的人才培养工作；合作的地方政府主要负责学校与企业之间的校外实践层次的人才培养。

分领域：面向智慧医疗、智慧医管、智能建筑分行业领域培养大数据人才。确定数据采集、数据处理、数据挖掘、数据应用四类大数据业务领域培养大数据。

为进一步落实人培养方案，在专业核心课程上制定与人才培养目标相符的课程教学标准：教学大纲、考试大纲及授课计划。在教学大纲设置上，摆脱传统的拘泥于教材的理论教学大纲，将校企合作单位的真实任务对大数据分析能力的要求纳入其中，把职业素养和创新人才的培养融入专业课程。将教学内容的选取范围、教学组织的顺序基于大数据分析处理的过程，让学生在一个完整的数据分析流程中理解每一个知识内容。依据人才培养需求、课程标准调整以及行业实际业务需求变动，对考试大纲内容进行了部分调整和优化，使之能与新的人才培养体系保持较好的衔接。与之前不同的是，考试大纲内容更加强调基础知识的掌握和理解，更加强化学生的应用能力。在授课计划内容上，结合企业实际工作任务或工作项目的形式对知识内容进行分解，采用项目导向、任务驱动的授课模式，将学科体系的课程内容进行解构，按任务/工作过程的流程体系选择、序化课程内容，并基于真实任务/工作过程构建授课计划。

以上成果体现在2018级人才培养方案和2019级人才培养方案、课程教学大纲内容调整、教材调整、考试大纲调整各方面上。教育教学方法改革的成果体现在教研论文上，目前已发表10篇课程教学改革论文。

2. 增加学生实习、学生就业岗位，指导毕业实习和毕业设计（论文）

校企合作企业每年参加学校双选会，加大对本校优秀毕业生的招录名额，提供学生实习岗位，在实习中培养学生能力。

为加强学生掌握智能医管领域发展趋势及能力需求，企业方在学生大四阶段进行实习时，择优筛选部分优秀学生前往企业各个岗位实习，涉及的岗位有客户经理助理、产品经理助理、数据分析师、研发工程师。实习期满后，企业给予实习鉴定报告，满足企业用人需求的优秀实习生将继续实习，并由企业导师负责一对一的毕业设计（论文）指导工作。企业导师根据企业业务和学生实习情况给定具体的毕业设计（论文）题目，并指导完成。

通过接受毕业实习、指导毕业设计（论文），不仅缓解了企业用人需求，也定制化培养了企业所需人才，更重要的是提高了学生行业大数据应用能力和社会就业的综合能力。

3. "双千双师"等双向师资成长计划

在校企合作框架下积极开展双向师资成长计划。为了解决学校教师知识和技能过于理论化、实践应用经验缺乏的普遍现象，学校每学期邀请企业高管来校培训，具体形式有企业高管进课堂，给学生讲解行业发展现状、企业用人需求、职业规划等内容；也有企业老总专题分享。专题分享以学术研讨和企业实践应用为主，面向教师，通过主题报告和交流研讨的方式，培训学校教师行业应用经验，发展教师技能，扩大教师行业知识视野。

同时，在企业的技术攻关、管理咨询等业务方面，企业通过聘请学校专业教师到企业挂职锻炼、顶岗实习、岗位培训等方式提升企业内部员工业务技能、优化企业运营竞争力。但是目前，学校派老师去顶岗实习、挂职锻炼、岗位培训的实践活动较多，而学校老师去给企业作讲座、作专题报告的很少。

4. 联合申报产学研项目，推动成果转化

在校企合作中，就协同育人模式的实践应用、科研成果转化、技术研发、师资建设等项目研究进行联合申报，并进行成果转化。例如，校企合作申报重庆市科委的科研项目《医患体验数据云平台》产学研合作项目。在《医患体验数据云平台》的合作框架下，联合进行项目开发，校方负责乙方根据合作项目为甲方输送人才，协助甲方参与平台基础框架论证、参与平台算法研究讨论；提供项目的技术文档、人员培训、数据测评。

知识产权成果申报方面，与校企合作单位还开展了技术研发，并进行专利联合申报。申报成功的专利再进行成果转化，支撑企业产品生产与销售促进。

5. 合理建设实验室体系和实践基地

大数据行业大数据特点各有不同，样本数据的采集就需要因行业不同而不同。在构建面向不同行业的大数据管理与应用人才时，需要行业具体的样本数据。为此，根据课程内容和性质，企业与学校联合建立实验体系，普适性课程的实践体系建设在校内，实验课程内容、样本数据、实验内容等教学资料、部分师资等由双方共同开发，而对于核心业务的实验课程及其基地建设在校外企业内部，由企业导师一对一指导学生完成实验任务。

在实验室建设方面，校内场地及硬件平台由校方建设，而软件资源及其版权由企业提供，学校购买软件使用权。在使用软件过程中，涉及的课程开发、课程资源、实验成果由双方协商解决。

6. 定制班定制培养企业所需的大数据人才

根据校企合作文件精神，学校积极开展协同育人校企合作，依据合作协议，开展智能建筑"定制班"培养智能建筑大数据人才，具体的定制培养方案如下：

（1）定制班招收对象。招收数字经济与信息管理学院工程管理、信息管理与信息系统、资产评估、大数据管理与应用四个专业的优秀大三学生，同时也面向学校其他各相关专业的优秀大三学生。报名参加定制班的学生，其人才培养方案中第七学期除专业课外其他学分（校园社团活动、志愿者服务、艺术修养与实践、竞技体育）均已取得的学生方可报名。

（2）定制班培养方式及内容。定制班培养周期：7～12月。①每年6月，企业来校开展定向班宣讲会和招聘工作，择优选取适量（每年根据企业岗位用量和学生报名人数据实调整）学生参与定制班定制培养，招收后开班培养。开班后至放假前，学院报送定向班学生名单到教务处。②7～8月，学生前往岗位进行暑假实习。学院牵头与企业在暑假期间协商制定《定制班培养内容与计划、学分置换方案》。③9月初，学院将定制培养内容与计划及学分置换方案提交给学校教务审核备案。④9～12月，继续实习直至年底的学生，由企业开展的内部培训资料及考核分数申请置换第七学期的专业课程学分（企业给定的考核分数直接作为学生第七学期置换课程的考试成绩）；中途退出定制班的学生则需返校参加第七学期的课程学习及课程考试。⑤12月31日，定制班定制培养项目结束。

（3）定制班学生的学分认定要求。在对定向班学生进行毕业资格审查时，原培养方案中的第七学期除完满教育四大板块外的课程及学分不予考虑，只需按照《定制班培养内容与计划、学分置换方案》进行学分认定，其余学期按照各自专业培养方案规定的课程修读并认定学分。

二、其他产教融合协同育人项目

（一）校地协同育人

对接本地政府部门1个，加强信息安全产教融合项目。在校地合作框架下，地方政府牵头引进辖区企业与学校之间的协同育人各类合作。

自校地合作实施后，政府牵头组织了3家企业，分别与学校开展了"师带徒"企业员工岗位培训与认证、师生参观、实践基地实习、学术研讨会议等项目。

（二）校校协同育人

考虑重庆邮电大学移通学院本身的办学定位与性质，采取与本地同类院校合作建设，协同培养大数据智能化类人才。目前，该学院已与重庆工商大学派斯学院、重庆师范大学涉外商贸学院达成校校合作意向和框架。根据合作框架协议，两校将在师资共建共享、课程共建共享、学生双校选课、学分认定、学术科研等方面深入合作。

三、应用型大数据人才培养效果分析

（一）人才培养能力大幅提升

新进计算机科学、大数据、信息管理与信息系统类专职教师10人，其中副教授2人，支持5位教师在职读博。"引进来"专家15次来校作主题报告、专题培训、交流研讨，受惠教师达140余人。"送出去"培训人数达到33人次，23人获得专业技能证书，派送顶岗实习教师3人。送出23位教师参加专业技能培训，并取得相应的技能证书；送出3位教师顶岗实习，到企业参与实际项目，提升"双师双能"实践应用能力；邀请3位企业高管来校专题培训，提高全体教师的业务能力和实践应用能力。通过2018年度和2019年度的师资培训工作，项目团队的"双师双能"型教师比例达到50%以上。制定新进教师岗前培训、听课制度、继续教育、能力提升方面的制度文件要求，通过5个教学团队拟定个人职业发展规划。信管特专建设实施小组优化2019级人才培养方案，重建若干大数据专业核心主干课程，建设2门重庆市在线开放课程和3门校级精品课程，构建了校内大数据实验体系1套，建立2家智慧医疗大数据人才培养协同育人机制，建立校外大数据实践基地1个，建立1家智能建筑人才校企合作机制和1个BIM实训中心，完善大数据类课程建材建设与专著出版，发表教改论文10篇，5名学生取得了大数据技能证书，29人次学生获得创新创业各类大赛奖项18项，15名学生获得专业技能大赛各类奖项15项，100余名学生获得BIM建筑信息模型各类奖项83项，到大数据智能化类公司就业11人，从事智能建筑（BIM软件应用系列）行业的毕业生达30余人。总之，大数据智能化人才培养的能力较往年大幅提升。

（二）大数据智能化产业支撑能力明显增强

自实施应用型大数据人才培养以来，积极与本地智慧医疗企业（重庆众康云科技有限责任公司、重庆至道医院管理股份有限公司）协同育人，开展双向师资队伍交流机制的建设，协同完成人才培养方案及其课程体系的改革，以专业核心课程"大数据商务分析与应用""商务数据分析综合实验"培养企业所需的数据分析师、数据可视化报告师，不断探索可行的产学研协同育人模式。目前，学生初具行业数据管理、商务智能的应用能力，已为大数据智能化类校企合作单位输送毕业生10余人到企业实习。

第六节　重庆邮电大学移通学院应用型大数据人才校企合作培养典型案例分析

一、智慧医管（至道）大数据人才培养

（一）重庆至道医院管理股份有限公司企业简介

重庆至道医院管理股份有限公司成立于 2013 年，是一家由中国工程院院士等专家领衔，专业从事医院品质管理软件研发、医院管理咨询和医患大数据平台运营的创新型高新企业，是重庆北部新区重点创新项目，也是重庆市江北区重点扶持的高科技企业，同时公司 2020 年申报入选重庆北部新区拟上市企业库。公司研发的"医满意"项目云平台，在国内率先打造了基于患者体验的医疗机构评价与医院品质提升管理体系，开创了我国"循证式"医院管理的先河。

（1）实力雄厚。公司拥有资深的医院管理团队、专业的系统研发团队和数理统计团队，先后与新加坡国立大学、国家卫计委医院管理研究所、清华大学、第三军医大学、解放军 301 医院等科研院校及医疗机构密切合作；目前在全国共设有 4 个科技研发中心，分别位于重庆市、北京市、上海市和深圳市，同时与美国硅谷研发机构也建立了长期紧密合作关系；公司现有在职员工 20 人，其中硕士博士比例占 30% 以上，拥有包括 2 名院士、2 名中组部专家等高端人才在内的名誉顾问和专家支持团队 80 余人，为公司源源不断地提供持续的发展动力。

（2）产品优势。公司从事医院患者就诊体验及医院品质测评研究近 10 年时间，利用全国知名医院专家资源，基于新型现代医院服务理念，以"循证式"医院管理作为切入点，依托现代信息技术，率先研发出"医满意"（基于患者体验的医院品质分析与改进管理云平台系统）系列产品，打造了国内第一个具有国

际领先水平的专业级患者就诊体验与医院品质测评平台，以患者的视角全面透视医院各项服务和管理中的薄弱环节，运用高效智能的问题处理机制，开展基于大数据的医院患者体验改进、服务流程优化、纠正及预防缺陷、品质提升全程监管等专业服务，为医院提供可测、可评、可管、可控的医患大数据测评、应用与管控开放性平台体系。

（3）权威认可。公司"医满意"产品已取得2项国家发明专利和6项软件著作权，并获得国家卫计委医院评审评价办公室的高度认可，相关领导来公司考察调研时称赞道，至道医管的"医满意"产品是具备先进国际理念和思路的项目，充分符合了国家等级评审标准和医院发展方向，具有极强可操作性和推广性，有充分的实力代表国家参与国际行业交流，并邀请公司参加2016年在多哈举办的国际卫生保健质量大会代表国家做交流发言。

（4）前景良好。"医满意"项目自开始推广销售以来，市场反馈良好。随着国家大力倡导第三方医疗服务评价、开展系列关注患者"获得感"，提升就诊满意度活动，特别是启动改善医疗服务行动计划以来，医院接受度与需求度日益增强，极大地提升了市场推广效果。截至2015年底，"医满意"已在全国100余家医院推广使用，医疗机构范围涵盖各等级、各类别，多个地区。第三军医大学三所附属医院、重庆医科大学附属医院、中国武警总队医院、第四军医大学附属医院等多家知名医院先后成为公司客户，北京协和医院、解放军301医院、华西医院等也正在洽谈协商中，合作意向明确。目前公司已累计获取患者就诊体验与医院品质管理一线数据近2亿条，医患大数据库建立已初见雏形。

（5）强强联合。公司依托"医满意"项目与清华大学联合成立"清华大学数据科学研究院健康医疗数据研究中心"，计划集中各方资源优势，遵照服务国家政略、推动产业转化、培养精英人才、引领需求科研的"政产学研"的发展理念，建成"思想领袖型、理论研究型、技术创新型、应用突破型"的世界级健康医疗数据中心。通过双方长期合作，为重庆市引入清华大学及国内外一流研究机构和专家，在重庆市设立"清华大学数据科学研究院健康医疗数据研究中心（重庆分中心）"和中心所属的数据研究实验室（或基地），不断深入和增强交流合作，迅速提升重庆市在医院管理和大数据应用研究方面的学术优势和国内外影响力，同时为区域医疗行业发展和领导决策提供科学的数据参考。

"改善人们就医感受，提升医院医疗品质，促进人类医疗事业和谐健康发展"始终是公司的目标与宗旨。下一步，公司将在医疗机构品质管理领域继续深入探索，不断完善基于患者体验的医院品质管理体系，为提升我国医院品质、构建和谐医患关系做出应有的贡献。

（二）合作内容

至道医管积极参与移通学院信管专业人才培养方案的修订，对大数据类专业课程进行合作开发，其中课程内容、课程实践要求由至道医管制定，任课老师则由双方共同承担。有关企业制定的授课课程和内容，一般由企业导师来校讲授，同时也由企业导师培训校内教师，完成师资培训后，全部课程由校内教师承担。

至道医管除了参与人才培养方案的修订和课程建设外，还对学生实习、就业、参观学习等提供保障。在学生毕业阶段，企业导师还通过指导毕业设计（论文）的方式一对一指导被择优招聘进企业实习的学生，通过"师带徒"的方式提高应用型大数据人才培养的质量。

二、智慧医疗（众康云）大数据人才培养

（一）重庆众康云科技有限责任公司简介

重庆众康云科技有限责任公司（以下简称众康云），为医疗健康云服务提供商，专业从事智能健康终端集成研发、互联网医疗健康云服务和医疗健康大数据运营的高科技企业，致力于构建智慧医疗健康服务生态圈，培塑大众健康人生。

众康云总部位于重庆两江新区软件产业中心，系重庆两江新区政府引进的"重点创新型企业"，是国家数字城市专业委员会物联网学组副组长单位、清华大学健康医疗大数据应用研究实验室成员，承担了国家智慧城市专项试点创建任务，并与清华大学、陆军军医大学、BAT等建立了战略合作关系，形成了强大的科研技术支撑群体。

众康云由中国工程院院士领衔，核心成员深耕于医疗信息化领域20余年，积累了丰富的行业资源和经验，推动了医疗健康服务模式创新，开创了"H2H（医院—居家）"健康管理云服务模式先河。

众康云率先推出了"院外管理云平台"。"院外管理云平台"是以居民健康为中心，以分级诊疗为核心，以实体医院为主体，以云计算、大数据为技术支撑，以移动互联网、物联网为载体，院内院外信息深度融合，覆盖院前、院中和

院后，线上和线下服务相结合，为居民提供集预防、诊疗、康复和健康管理于一体的互联网医疗健康服务平台。

如今，众康云与全国多家医疗卫生机构合作，帮助其搭建互联网医疗健康服务平台，形成了覆盖公共卫生服务、家庭医生签约服务、就医辅助服务、远程医疗、院后随访、线上复诊咨询、慢病管理、健康管理、线上支付、药品配送等服务闭环，有效落地分级诊疗，推动了医疗服务模式的转型升级。

（二）合作内容

移通学院与众康云的合作主要体现在学生实习、就业、师资交流三个方面。每年企业来校择优招聘学生到企业实习，由企业导师"师带徒"直接培养学生。企业的技术总监参与毕业设计（论文）的指导过程，通过毕业设计（论文）的方式让学生接触企业业务技术，并实际解决企业业务问题，实现双赢。

三、智能家居（芯歌）大数据人才培养

（一）重庆芯歌股份有限公司简介

重庆芯歌网络科技有限公司（以下简称芯歌科技）是一家致力于为客户提供全宅智能家居解决方案的公司。其主要业务包含智能楼宇建设、智能系统集成设计、别墅智能家居高端定制、智能家居综合布线技术。芯歌科技秉承着"让智能改变生活"的理念发展至今，在物联网传感器、控制器等智能家居相关领域进行不断探索，为物联网智能家居产业的发展尽一份绵薄之力。同时，芯歌科技作为重庆市物联网产业协会会员单位（见图7-2），围绕着"智能"以及"物联网"这两大核心，进行全方位布局，旗下已有芯歌品创（重庆）智能科技有限公司、芯歌致诚（重庆）智能工程有限公司两家子公司，分别从事大众智能市场的产品研发及销售、智能楼宇及社区建设，同时战略投资重庆朝舜网络科技有限公司进行物联网、单片机等研发。

芯歌科技在注重自身企业发展的同时，作为重庆市物联网产业协会会员单位、重庆邮电大学移通学院智能家居应用技术实训基地、赢在智慧商学院智能技术研发（重庆）城市学院也肩负着相应行业人才培养的重任，见图7-3。公司现拥有国家工信部职业技能认证智能家居初级工程师5人、中级工程师4人、高

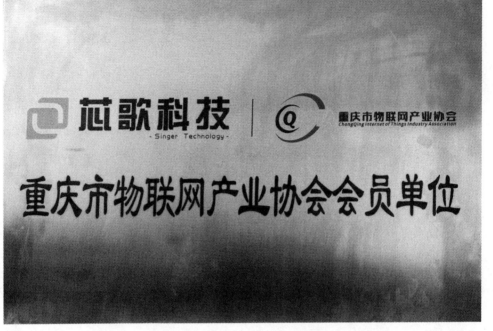

图 7 - 2 芯歌科技——重庆市物联网产业协会会员单位

图 7 - 3 赢在智慧商学院智能技术研发（重庆）城市学院

级工程师 1 人，思科认证网络工程师 1 人，传感器工程师 1 人，信息系统管理工程师 1 人，THX 认证声学工程师 1 人，同时聘请多位高校教授、副教授担任企业管理顾问、技术顾问等。

随着智能家居的普及，城市智能化已成为全球趋势。芯歌科技也将投入大量的资金和精力多方合作搭建研发平台，结合我国实际情况及用户的需求定制开发控制系统，实现从技术研发、系统集成、产品制造及市场营销产业链条的整合。结合前沿的移动互联网技术、云服务技术，加上业内领先的硬件设计、软件设计、工艺设计经验，为家庭呈现智能家居解决方案，真正意义上地实现让技术回归服务于人的本质，通过技术和人性的完美结合，让智能改变生活。如图 7 - 4 至图 7 - 10 所示。

图 7 - 4　智能影音解决方案获奖

图7-5 智能居家5星级体验单位

图7-6 公司前台

图 7 - 7 企业文化墙

图 7 - 8 智能化客厅

图 7 - 9 静态展示区

图 7 – 10　THX 私人影音室

（二）合作背景

"曾经我以母校为荣，希望往后我也能成为母校的骄傲！"这是芯歌科技公司总经理张启航在校企合作签约仪式上的感慨。如图 7 – 11 所示。

其实，芯歌科技公司的创始人和运营高管都和张启航一样，都是移通学院的学生。在校期间，他们积极按照"商科教育 + 完满教育 + 通识教育 + 专业教育""四位一体"的人才培养要求参与完满活动培养综合能力，并根据自己学习兴趣选择专业方向模块课程学习，提高专业应用能力。

张启航，重庆芯歌网络科技有限公司总经理，民建重庆市涪陵区主城支部宣传委员，赢在智慧商学院智能家居讲师。2013 年，毕业于重庆邮电大学移通学院电气工程及其自动化专业，在校期间曾担任该专业的年级长一职，配合辅导员负责专业内的日常教学工作，并多次负责专业内的联谊活动；2012 年 3 月，加入移通学院双体系学习（IT 行业技能和职业素质培训中心），并担任部门行政主管。在校期间，先后荣获优秀干部、三好学生、三等奖学金等多项荣誉。

刘建，重庆芯歌网络科技有限公司副总经理。移通学院 2013 级管理工程系信息管理与信息系统专业学生。在校学习期间曾先后担任校团委宣传部部长、校团委学生书记处副书记兼校团委副书记，多次负责校迎新晚会、音乐节及校园戏剧节宣传、新闻报道工作。2016 年 9 月进入双体系学习并担任双体系新媒体中心

图 7 - 11　芯歌科技总经理张启航在校企合作签约仪式上发言

运营总监，同年以专业综合成绩排名第一拿到校一等奖学金。大学四年期间，先后荣获精神文明先进个人、优秀学生干部、优秀共青团干部、优秀共青团员、三星级志愿者等荣誉称号共计十余项。高标准、严要求、明视野、立标杆，这 12 个字是三年团学工作、四年完满教育教会他的，也渐渐地成为他独特的工作风格。如图 7 - 12 所示。

　　李超，重庆芯歌网络科技有限公司设计总监。移通学院 2014 级计算机科学系网络工程专业学生。在学校期间曾先后担任系级文艺部干事，在校级校乐团组建乐队，并考取了美国思科认证的网络工程师。大三下学期进入双体学习，在此期间获得了全国大学生程序设计大赛重庆赛区二等奖、全国赛区三等奖。在学校的四年时间，完满教育让他学会了独立思考。校乐团的团训：先做人、再做事让他在踏入社会后受益匪浅。如图 7 - 13 所示。

图7-12　芯歌科技公司副总经理刘建

张启航、刘建、李超他们并不是同一年毕业的，但因同一个创业梦想走在了一起。毕业后，他们从事本专业相关的创新创业工作，并走上企业老总综合岗位。这本就是学生努力的成果，但学生却带着感恩的心反哺学校，通过校企合作，希望借一己之力和公司业务资源，与母校合力推进智能家居产学院学科发展的建设工作，并以实习岗位、就业指导、职业沙龙等方式帮助更多的学弟学妹，帮助他们减少大学时的迷茫，指引他们尽快走上自己的职业领域，快速成为行业精英。

通过芯歌校企合作的例子不难发现，走出校门成为行业人才，又回到校内成为企业导师，充分说明移通学院面向信息产业培养未来社会中坚阶层的领导者的战略是准确并富有特色的。"商科教育＋完满教育＋通识教育＋专业教育""四位一体"的人才培养模式符合人才成长轨迹，更符合当前高等教育改革中综合能力全能人才的培养要求。

图 7 – 13　芯歌科技公司设计总监李超

（三）合作框架

1. 相互挂牌

甲方在乙方挂牌设立"重庆邮电大学移通学院校企合作伙伴单位"，乙方在甲方挂牌设立"重庆芯歌网络科技有限公司智能家居实践基地校企合作伙伴单位"。

2. 合作内容

经甲乙双方友好协商，合作内容主要包括信息管理与信息系统专业重庆市大数据智能化类特色专业和国家"双万计划"重庆市一流专业的建设目标，开展深度产教融合，提高智能家居人才培养质量。内容主要围绕着信息管理与信息系统专业的应用型人才定制培养方案的制定与实施、信息管理与信息系统专业学生的就业与实习、智能家居研究领域的学术交流、智能家居应用领域的实践能力提升培训、后续校企的研发合作等几个方面。

具体的协同育人内容如下：

（1）甲方为乙方定制化人才培养提供配套资源保障，做好专业建设、人才输送，协同育人的相关工作。

（2）甲乙双方共同协商构建信息管理与信息系统专业人才培养方案的课程体系。

（3）甲乙双方根据人才培养目标，合作进行信息管理与信息系统专业的课程改革与建设。

（4）甲乙双方据实开展企业实践项目或校方教科研项目合作研发。

（5）甲乙双方参与产教融合发展的学术研讨会、专家培训会，合作工作协调会等双向交流活动。

（6）乙方高管、专家等智能家居行业带头人进行定向专题系列讲座，也可直接参与课堂教学、毕业设计（论文）、课程实践"一对一"，同时指导学生实习、教师顶岗实习等定制化智能家居行业人才培养的所有工作。

（7）乙方适时选拔信息管理与信息系统专业优秀学生到企业实习或就业。

（8）依据协同育人要求，开展定制化人才培养所需的实践配套资源，甲乙双方可协商构建与完善。

3. 具体实施

本项目联合甲方就业与创业服务中心、爱莲书院共同开展学生就业实习、参观交流、双向师资建设、创新创业学生能力培养等协同育人工作，爱莲书院下设的管理工程系数据艺术工作室负责具体的实施工作，甲方委派本校数字经济与信息管理学院作为甲方代表，项目负责人为冉叶虹、蒋兵、叶芳，乙方委派刘建为项目负责人，甲乙双方的项目负责人负责组织、协调、管理具体的合作任务。

（四）协同育人模式

围绕着合作框架，具体开展了师资建设和成果转化。

1. 师资建设

在师资建设方面。由企业老总来校进课堂给学生讲解智能家居行业发展趋势及企业用人需求，并给予学生从事智能家居行业的职业规划和就业指导。同时，校方专业教师被评为企业管理咨询师，负责企业业务中的技术研发问题和企业运营管理中的管理咨询服务。如图 7 - 14 所示。

图 7 -14 师资建设——企业咨询

2. 联合知识产权申报，加强成果转化

同时在合作技术研发中，企业导师参与校内创新创业人才的培养过程，指导数据艺术工作室的学生进行智能家居 APP 程序设计，并转化为实用新型专利成果，软件著作权。校内专业教师在为芯歌科技提供管理咨询服务过程中，也和芯歌科技一起联合申报专利和软件著作权。截至 2020 年 6 月，校企联合申报专利共计 11 项，联合指导学生进行创新创业项目训练共计 4 项。如表 7 - 1 和表 7 - 2 所示。

表 7 - 1　校企合作成果转化

序号	专利成果名称	专利类型
1	基于云平台的高校实验体系建设研究系统	软件著作权
2	一种高校多媒体智能控制柜	实用新型专利
3	一种智能教学综合信息显示屏	实用新型
4	"三创赛"信息平台的分析与设计平台	软件著作权
5	基于"完满教育"的学生实践服务信息平台	软件著作权
6	基于知识共享平台的创新创业人才培养系统	软件著作权
7	基于知识共享的移动端创新创业综合实践平台	软件著作权
8	基于知识共享平台的创新创业人才课程实践系统	软件著作权
9	基于"书院制"高校服务学习综合信息平台	软件著作权
10	基于"书院制"的学生管理综合信息平台	软件著作权
11	一种存在式红外感应器	实用新型专利

表 7 - 2　校企合作联合指导学科竞赛

序号	创新创业/训练项目名称	企业参与方式
1	重庆易能者软件开发有限公司	企业导师运营指导
2	基于校园网络平台的数据挖掘研究	企业导师技术指导
3	有机蔬菜电子商务销售平台——"有机蔬菜"	企业导师技术指导、运维指导
4	"你的世界"——宠物主题清吧	企业导师创意指导

3. 采取校方理论培养，企业实践培养相结合的协同模式

除了师资建设和成果转化方面校企共同发力外，在大数据人才培养方面，两方也积极协商，就人才培养方案调整尤其是智能家居人才培养所需的课程体系，双方积极交换意见并达成一致的培养方案。在人才培养方案确定后，智能家居人才培养方面的课程建设是难点，目前就双方合作来看，校方负责课程资源开发，企业负责接收学生实习，在实习中完善理论课程配套的实践环节教授要求。

第八章
学科竞赛

第一节　学科竞赛对应用型人才培养的重要意义

学科竞赛既是深化学校教育教学改革的重要途径，也是整合课堂教育和实践教育、培养应用型人才的重要手段，对于应用型本科院校尤为重要。

第一，学科竞赛是课堂教学的有力补充。传统高等教育以老师课堂教学为主，老师教什么，学生学什么，而传统课堂教学以教材知识为主，教材知识往往又严重脱节跟不上经济社会发展需要，与应用型人才培养矛盾日益突出。在结合课堂教学的基础上，教师应引导学生带着问题和任务学习，不仅能提高学习兴趣，还能有针对性地学习专业核心知识，避开"填鸭式"教学弊端。关键是去哪里找问题？去哪里找任务？学科竞赛成为最好的途径，是传统课堂教学的有力补充。

第二，增加师生互动，"师带徒"育人质量有保障。鼓励学生参与专业相关的学科竞赛，不仅能带着问题学习，检验理论学习的效果，还能通过学科竞赛题目有针对性地发现学生知识、能力、思维优缺点，发现学生的潜力，激发学生个性化成长。指导老师通过学科竞赛，增加了老师与学生之间的互动，避开了老师讲完课就"溜之大吉"，学生找不到老师的现象。通过学科竞赛，老师与学生之间的互动还能形成"师徒"关系，老师的个人经验、个人做事风格、行为规范、思想意识形态、职业道道、专业经验都可以真正"传道授业解惑"给学生，对学生的全能培养有重要意义。

第三，学科竞赛加强了培养学生的创新思维和实践动手能力。学科竞赛不仅是检验学生学习专业知识、发现问题、解决问题的综合能力检验，更是综合能力的集中锻炼，尤其是通过短期参赛的方式提高抗压能力、团队合作能力、沟通表达能力。任务驱动下的学科竞赛不仅能弥补传统课堂教学的不足，还能增加学生视野，给予学生学以致用的成就感，尤其是参赛获奖，在一些含金量高的学科竞赛中，学生获奖是对学生专业能力的直接肯定，是后续就业发展的"金钥匙"。

第二节 学科竞赛的问题与对策

一、现状分析

（一）学科竞赛概况

学科竞赛不仅是高校创新人才培养的重要手段，而且也是用人单位选拔人才的重要依据。自 20 世纪 80 年代初期发展至今，在高校和企业的共同推动下蓬勃发展，基本形成了面向不同学科、不同层次的全面覆盖的学科竞赛，每年参赛学生高达数百万人。

但是很多学科竞赛的参赛项目和评审程序不够专业和规范，也出现很多泛滥的"水货"学科竞赛。面对越来越层出不穷，数量众多的学科竞赛，就高校而言，在参赛热情持续上涨的同时，也面临着如何选择高质量竞赛的难题。为了进一步规范管理、推动和发挥学科竞赛类活动在教育教学、人才培养等方面的重要作用，规范、引导和协调竞赛机制，中国高等教育学会于 2017 年 2 月启动《高校竞赛评估与管理体系研究》项目，对我国高校学科竞赛的开展、组织和实施情况进行调研、分析、评估。

2018 年 4 月 26 日，《全国普通高校大学生竞赛白皮书（2012—2017）》（以下简称《白皮书》）正式发布。《白皮书》由中国高等教育学会"高校竞赛评估与管理体系研究"专家工作组发布，是我国第一部有关大学生竞赛的白皮书。

《白皮书》显示，我国高校学科竞赛省级层面呈东强西弱态势。从 2013 ～ 2017 年普通高校学科竞赛评估（省份）分析来看，西部省份的得分显著低于中部和东部省份，且内部发展不均衡性高于其他区域，东部省份进入前 300 名的高校数量明显多于中西部地区，这在一定程度上反映了我国高等教育多样化发展的一个缩影，但同时也体现了在省级层面东强西弱的不均衡问题（赵春鱼、吴英策、魏志渊等，2018）。

《白皮书》还显示，重点高校在学科竞赛中优势明显。从评估结果来看，重点高校优势明显，地方院校学科竞赛提升空间较大。在 TOP100 中，原 985 工程院校有 34 所，占所有原 985 工程高校的 89.47%；原 211 工程院校有 65 所，占原"211"工程高校总数的 58.03%；双一流建设高校为 35 所，占比为 85.37%。从得分来看，这些重点高校的得分是其他高校的 1.43～2.05 倍，获奖数量是其他高校的 2.73～7.37 倍。

此外，理工类院校和综合类院校的得分显著高于其他类型的院校，一方面可能与本次评估中竞赛类型的选择有关，另一方面也可能跟相关专业缺乏高质量竞赛有关。学科竞赛是创新性人才培养的有力引擎，是激发大学生创造活力的"星星之火"，从当前比较有影响力的竞赛分布来看，人文艺术社科的竞赛数量相对较少，在结果中也表现出这一类高校的学科竞赛评估结果相对较差。

（二）移通学院学科竞赛概况

自移通学院创办以来，根据自身办学的优势和特色，国家和地方经济社会发展的需要，以及民办高等教育发展的趋势，确定要建立以工为主，打造与信息行业紧密结合的通信工程、计算机、电气工程及自动化等工程教育学科群，突出体现经管文与信息技术相结合的特色，积极发展理学、艺术等学科的应用科技型大学，坚持立足信息行业，为国家培养具有国际视野、创新实践能力强、工程背景扎实的应用型和工程型高级专门人才，服务区域经济社会发展。

独立学院实践性应用型人才的培养模式有别于重点、二本和职业学校的人才培养模式，学生的动手和创新能力比较强，创业能力和就业平台更具优势。竞赛指导教师更加多元化，竞赛集训场地更加共享化，参赛种类多样化。独立学院大力开展学科竞赛，建立学科竞赛长效保障机制是深化教学改革、实现应用型人才培养目标、对外树立品牌、促进学生就业的需要。

根据学校创造、创业的校训精神，为突出办学特色，鼓励广大师生积极参与学科竞赛，以培养学生的优良作风和学术进取精神为基本出发点，大力培养学生的科学研究、创新及创业能力；以提高校园科技文化整体水平，活跃校园学生科技气氛，提高大学生的综合素质，培养应用型创新人才为目标。

为了规范学校竞赛系列的管理，促进竞赛在教学中的作用，2015 年学校印发了《重庆邮电大学移通学院学生学科竞赛管理办法（试行）》[以下简称《办法（试行）》]的通知，从学科竞赛的体系、类型、在教学中的运用、部门职责、创新学分认定、费用使用标准和考核等方面进行了规范，形成校级、职能部门、二级部门、教师链条化的管理模式，同时组建了具有指导性的教师团队，建立了常规化和制度化的机制。通过《办法（试行）》的实施，充分调动了学生、教师以及教学单位的参加积极性，从而使学校学科竞赛项目迅速增加，有了一次量的飞跃。但同时也出现了竞赛热、质量差等问题。竞赛数目虽多，从曾经的几个增加到了现在的几十个，获奖的数量也在逐渐增加，但质量上并不高，且获得的奖项分量重的并不多。这一系列的现状为学校学科竞赛的发展再次敲响警钟，要求学校必须根据现在的实际情况进行新一轮的学科竞赛管理的调整，在教学促进方面，"两手"都要抓，一手抓数量，一手抓质量。只有这样，才能真正推动学科竞赛的可持续发展，真正起到促进作用。

二、存在的问题

从 20 世纪中后期发展至今，学科竞赛作为高专教育的特殊形式，其重要性已经得到国家各级教育管理部门的众多高校的广泛认同。

近几年，学科竞赛在各应用型本科院校迅速发展起来，竞赛形式多样化，参赛人数越来越多，竞赛成绩逐步提高，总体趋于良好的发展状态。

应用型本科院校的学科竞赛应当以能力培养为核心，在提高学生的知识、能力和素质的同时，注重学生实践能力和创新能力的培养，以适应社会对应用技术人才培养的需求。移通学院作为首批应用型改革试点高校之一，经过几年的快速发展，在教学、管理等方面都取得了不错的成绩，从 2007 年的一百多名学生壮大到了如今的 18000 多名学生的规模。由于学科竞赛是应用型人才培养的一个很好的平台，所以这几年学校紧紧围绕应用型人才培养的目标，积极组织学科竞赛，取得了较好的成绩。如今，大学生学科竞赛已经从曾经的校级、省部级，发展为国家级、国际级。但是，学科竞赛在发展的过程中也存在一些问题。

（一）思想上对学科竞赛的地位和作用认识模糊

各教学单位和管理部门以及教师对学科竞赛的地位和作用仍存在认识模糊的现象。一方面，一些高校认为学科竞赛与教学工作没有太多关系，因此不重视经费和实验条件的投入，指导教师严重缺乏。另一方面，一些高校认为学科竞赛是可有可无的，没有也可以把教学工作推进下去，被动地推动学科竞赛的组织工作。甚至有的高校竟然夸大学科竞赛的作用，为了获奖而盲目参赛，投入过多的经费、物力和人力，严重影响了教学工作的开展。

（二）没有合理的顶层设计和科学的规范管理

学校没有从全局的角度对学科竞赛进行统筹规划，以集中有效资源，高效快捷地实现应用型人才培养目标（蔡志奇，2012）；没有专门设立机构来负责学科竞赛的统筹和管理，导致各部门之间找不到方向，没有核心，造成竞赛项目没重心；学生不知道哪些比赛适合自己，应不应该去参赛，要去参赛又可以找谁，竞赛项目过多，盲目参赛；有的竞赛不但达不到应有的成效，还在学生中产生不良的影响，导致学生不愿意参赛。

（三）制度和激励机制不健全

虽然各教学单位、教师和学生在学科竞赛方面投入了很多的经历，也获得了优异的成绩，但是这些都得不到鼓励和应有的保障，严重影响了参赛积极性。教师和学生的付出得不到应有的肯定，连参赛的各种费用都要自己付，这对于教师和学生来说积极性下降。由于没有多少人愿意自费参赛（含报名费、材料费、设备费、差旅费等），所以更谈不上学科竞赛的育人功能，也无法发挥学科竞赛在教风、学风上的积极作用。

没有健全的制度和激励机制。教师不愿意花时间给学生指导竞赛，而学生想参赛，由于找不到指导老师选择放弃，或者成绩不理想；有的学生参加了比赛，由于经费问题而中途退出，这些都对应用型学生的培养造成一种阻碍。

（四）缺乏资金的投入

由于学校对学科竞赛的地位和作用认识模糊，因此没有投入过多的资金和实验设备，具体表现在比赛的组织缺乏规划、未能配备指导老师、缺乏经费保障、赛前准备不充分、比赛场地不足、硬件设备陈旧、宣传力度薄弱、受益学生过少等。资金的缺乏导致竞赛工作不能正常进行，学生没有钱来购买竞赛材料和实验设备等。

（五）竞赛项目过多，不能平衡发展

如今，各类学科的竞赛项目纷纷而来，项目过多如何取舍是各高校都存在的普遍性问题。如理工科类的院校，其数模、自动化、计算机、电子等项目竞赛发展较快，每年都能获得较多的奖项，而外语、会计、艺术传媒等项目的竞赛则发展较慢，参赛的项目和学生都很少，这导致文、理类的竞赛发展极为不平衡，影响学校整体的发展目标。

（六）竞赛成果闲置

学生在老师的指导下做了很多的作品和方案，一旦比赛结束这些成果也随之被"埋葬"，造成过多的资源浪费现象，不能使学生的成果得到充分的利用，对于社会也是一种损失，严重缺乏科学的成果转化机制。

三、对策建议

近几年来，学校紧紧围绕着培养专业能力、应用能力和实践创新能力人才的目标，在学科竞赛方面取得了良好的成绩。

（一）做好整体规划和宏观管理

学科竞赛要取得好的成效，离不开科学的整体规划和宏观的管理。学校成立了学生学科竞赛领导小组，全面负责学校的竞赛工作。下设办公室，挂靠教务处，统筹管理。各院（系、教学部）成立学科竞赛工作小组负责竞赛工作的落实，明确各自职责，建立协调机制。各管理部门分工明确，避免"多头无核心""盲目参赛"的情况，做到目的明确，收到好的成效。

（二）统筹竞赛项目，多层次规划

目前，各高校都逐渐重视学科竞赛，竞赛的项目也在不断地增加，但在选择竞赛项目的时候，要做好合理、科学的规划。面对众多的赛事，要选择适合自己

学校实际的比赛进行重点鼓励、支持和资助。

1. 选择合适的竞赛项目

应根据专业特点，针对课程教学要求和不同年级课程开展的情况来选择适合学生的竞赛项目（范建丽、陈国平、汪小飞，2013）。对于开展较好的学科竞赛项目要做到"精"，鼓励向更高的层面发展；对于没有开展过的学科竞赛项目应鼓励学生积极参与，不断尝试，锻炼自我，提高应用能力。

2. 依托与教学相关的竞赛项目

根据学校的专业结构，构架起涵盖各个专业的学科竞赛（含理、工、经、管、文等）。充分利用学科竞赛来促进人才培养模式的改革、课程体系的改革、课程内容的改革和实践环境的改革等。引导学生主动参与学科竞赛，提高创新实践能力。

（三）完善现有制度

2015年，学校印发了《重庆邮电大学移通学院学生学科竞赛管理办法（试行）》的通知，从学科竞赛的体系、类型、部门职责、创新学分认定、费用使用标准和考核等方面进行了完善，形成校级、职能部门、二级部门、教师链条化的管理体系，组建了具有指导性的教师团队，建立了常规化和制度化的长效机制。

学科竞赛需要持续地发展，需要有完善的激励机制才能充分调动学生、教师以及教学单位的参加积极性。第一方面是组织单位的奖励，凡获得市级及以上优秀组织奖的团队，给予承办院（系、教学部）经费的奖励，在学校评优方面还给予一定政策的倾斜，带动整个学科竞赛工作的向前发展。第二方面是对指导老师的奖励，教师在竞赛过程中付出了大量的精力，要给予指导费用，还可以根据不同的竞赛成果给予相应的经费奖励。第三方面是对学生的奖励。一是对获得奖项的学生给予相应的奖励；二是给予获奖的学生进行创新学分的认定，将创新学分计入技能与创新课程学分中。

（四）竞赛项目与课程体系相结合

目前，有一些专业课程体系在某些方面已经落后于时代的要求，教学模式单一，专业课程设置比较混乱，教学内容陈旧和老化，必须加以完善和改革才能适应当前专业的进步和发展。各系根据应用型人才和学科竞赛的需要，调整课程体系。一是把一些基础课程提前到大一、大二；二是增设一些实践课程；三是开设实用性课程，如增加数学建模选修课，不但可以开阔学生的视野，还提高了学生对竞赛的认识和参赛积极性。

（五）设立学科竞赛专项经费

学科竞赛的费用包含资料费、报名费、培训费、差旅费、指导费、奖励费和赛事所用的软件费用等，这些都需要学校投入大量的经费，因此要设立专项经费，并纳入学校预算。在经费、人员、场地等方面加大支持力度，解决参赛队的后顾之忧；充分利用学校现有的设备资源，建立开放式实验室，为学生提供一个稳定的学科竞赛平台，使学生各方面能力得到全面的发挥。

（六）加强教师指导队伍和学生队伍的梯队建设

二级院（系、部）组建竞赛指导教师团队，选拔一批经验丰富的制度教师，组织赛前的辅导和培训，指导学生参赛。指导教师应该加强相关知识的学习，确定具体的指导计划和培训内容，保证竞赛工作的有序、稳步推进。在指导的过程中，要充分调动学生的学习积极性，让学生能通过学习在比赛中有所收获，锻炼学生的实践能力，提高教师的自身知识储备和水平。

（七）学科竞赛项目化

项目化管理备受广大管理者的重视和关注，是一种科学、有效的管理方法和模式，在各大领域都取得了成功。因此，学科竞赛采用项目化的管理理念来实现项目全过程的综合动态管理，避免了竞赛的杂乱无章，取得了有效的成绩。第一，将各项竞赛按学科进行分类，划分归属部门。第二，各部门选定项目负责人，承办单位指定相关领导负责学科竞赛总体工作，激励更多教师和学生积极参与竞赛，并由此推动教育教学改革和研究的深化。

（八）构建及时便捷的信息渠道

随着竞赛项目的不断增多，涉及很多的组织部门，要确保这些部门发布的信息是否可以及时收到。由于学校学科竞赛在逐步规范当中，虽然也取得了一定的成绩，但还是存在很多的问题。例如信息来源渠道缺乏，信息滞后，学生知晓率和参与率低。因此，学校应确立专人负责信息收集，构建畅通的信息渠道，保证学生及时收到信息。

（九）校企合作，学科竞赛成果化

学科竞赛与产教的相互融合，是学科竞赛的可持续发展长效机制。一是利用创业学院的平台，积极与企业等社会力量对接，双方共同合作。二是各院（系、部）充分利用现有的校企合作项目，适当地将竞赛成果推向企业，解决企业或行业的一些问题，帮助学生拓宽视野。三是建立成果转化机制，保障学生和企业之间的利益。

应用型本科院校应构建科学合理的竞赛体系，为学生和老师提供全方位的支持，充分发挥竞赛的有效作用，形成学科竞赛应用型本科人才培养的模式。在实践中，不断分析问题，总结问题，创新思路，建立长效机制，培养具有创新精神和实践能力的人才，将各专业参与其中。

第三节　重庆邮电大学移通学院大数据学科竞赛问题与对策

随着应用型人才需求的不断增加，很多普通高等院校已经将学生实践创新能力的培养作为人才培养的重要目标之一。随着教育部、国家发改委等部门对高校工科专业应用型转型的逐步推进，越来越多的学者和教师投入到应用创新型人才培养模式改革与实践的探索中，并取得了很多有价值的研究成果。移通学院数据科学与大数据专业是 2018 年 4 月获批的新增本科专业，大数据管理与应用是 2019 年 4 月获批的新增本科专业，同时也是应用型转型试点专业之一。应用创新型人才培养已经成为新工科专业体系建设的重要环节，理论课程体系、实践环节设计等都将围绕应用创新型人才能力的培养来展开。随着学科竞赛的推广与普及，很多学生有意愿通过学科竞赛这个平台来提升自身的能力。同时，学科竞赛也被认为是实现应用创新型人才培养的有效手段。

一、大数据人才培养学科竞赛的现状

数据科学与大数据技术专业、大数据管理与应用专业作为计算机大类的一个组成部分，可以参加的学科竞赛有全国大学生网络商务创新应用大赛、全国大学生计算机设计竞赛、ACM 国际大学生程序设计竞赛、全国大学生电子商务"创新、创意及创业"挑战赛等十余项赛事，为学生参加学科竞赛提供了多种选择。同时，学校和学院也为学生参加各种竞赛提供了经费及政策上的支持，因而学生具有极高的参与热情，但目前仍面临以下主要问题。

（一）盲目性

由于学科竞赛的种类比较多，学生在选择自己要参加的学科竞赛时，并不知道该项竞赛的类型、特点及所需要的专业知识等相关信息，只是为了参加比赛而比赛，从而导致学生虽参加了多项竞赛，但是对自身能力的培养却没有起到促进作用，甚至出现因参加各种名目的比赛而影响正常本科教学的情况。

（二）比赛成绩不够理想

由于学科竞赛项目在选择目时没有专业老师的科学引导，学生不能结合自身的专业知识程度来选择竞赛；专业理论课及实践课程的设计与学科竞赛相脱节，导致学生不知如何将所学的专业知识与竞赛的内容相结合。上述两个原因均会导致学生在参加学科竞赛时无法取得理想的比赛成绩。

（三）连续性不够

取得满意的竞赛成绩是学生坚持竞赛最主要的动力，而很多同学在某项赛事中成绩并不理想。由于学生缺乏专业团队的指导，无法从失败中吸取再次备战的经验，因此很多同学仅因为一次失败就放弃该项赛事而转投其他赛事，甚至失去了参与学科竞赛的热情。

（四）团队组建不合理

目前多数学科竞赛都是以团队的形式参赛，以此培养学生的团队合作能力。目前学生的组队原则就是几个关系要好的同学组织成一个团队，而很少考虑组队成员之间是否能胜任这项竞赛，也很少考虑成员之间的能力能否互补，从而实现有效的合作以取得满意的比赛成绩。

（五）以赛促课的教学模式仍有不足

大数据类以赛促课的发展参差不齐。大数据的多学科交叉性致使课程体系的构建上大一为高等数学、英语、通识课程、计算机基础课程的学习，大二开始专业基础课的学习，如经济管理专业基础课、大数据专业基础课，而主干课程和专业核心课程一般安排在大三（第五学期至第六学期），综合应用能力培养的专业课程一般安排在大四上学期（第七学期）。大数据类学科竞赛中数据算法、数据挖掘等参赛项目，都需要学生具备一定的专业知识储备和综合应用能力，大三下学期或者大四学期上参赛最为合适，但是这个时期学生的学习兴趣已不如刚进校时那么强烈，且面临就业、考研、出国、公务员/事业编考试，对学科竞赛兴趣不高，不会积极主动报名参赛。

目前很多课程还是传统的"理论教学＋实践教学"两条路走，理论教学在课堂里进行，实践教学在校内实验室进行，这导致教学知识点和教学方式不够因材施教、不利于学生个性化发展，老师难以发现参赛潜力强的学生，学生也难以知道老师是否具备指导学科竞赛的能力和积极性。传统的教学模式不能激发学生的创新创业能力，单向"传授"教学方式不利于培养学生的自主学习能力，失去发现问题、解决问题的思维培养，导致参赛能力和参赛意愿不强烈。

大数据以赛促教的最大问题是数据样本的获取。大数据学科竞赛都是数据挖掘运算法，建模后样本数据试算验证模型，然后再用真实数据验收模型预测的精确性。因此，无渠道获取大数据样本数据成为学生缺乏大数据实践锻炼的拦路虎，学生没有大数据实践运算经验，参加学科竞赛的胜算率低、积极性受挫。很多大数据学科竞赛有自己的比赛系统和平台，在比赛系统和平台下可以获取它们的样本数据，但无法下载，这也导致学生和指导老师无法借助外援，无法下载反复练习提高参赛能力，这在一定程度上也阻碍了学生参赛积极性。

二、大数据学科竞赛发展策略

综上所述，学科竞赛是学生综合能力培养的一种方式，是传统课堂外的第二课堂，是传统课堂的有力补充，不仅能加强指导老师与学生之间互动交流，还能培养学生发现问题、解决问题的实践应用能力。针对大数据学科竞赛存在的不足，可以开展如下学科竞赛策略（陈惠红、刘世明，2018；修宇、刘泯，2018）。

（一）分析大数据类学科竞赛类型

移通学院大数据人才培养涉及的专业有数据科学与大数据技术、大数据管理与应用、信息管理与信息系统三个专业。早期在计算机大类学科发展基础下，已经参与了很多计算机类大赛，如计算机基础知识大赛、游戏设计竞赛、网页设计大赛 UI 设计大赛、计算机组装大赛、软件测试大赛、手机 APP 设计大赛和云平台搭建大赛等一系列计算机类校内竞赛；备战如"中国软件杯"大学生软件设计大赛、软件测试大赛、Android 应用开发中国大学生挑战赛、"蓝桥杯"、VR设计大赛、云平台搭建和大数据分析等国家级、省级和行业级比赛。

近年来，由于大数据的兴起，包括教育主管部门、行业协会和有解决问题诉求的企业都在尝试开展数据挖掘相关的竞赛，企业的参与和丰硕的比赛奖金使该类竞赛成为计算机、大数据类专业学科竞赛的热门项目。目前有关国内外数据挖掘相关竞赛情况如表 8 - 1 所示。

表 8 - 1 数据挖掘竞赛及平台情况

序号	竞赛名称或平台	举办单位	举办周期	类型	面向对象或范围
1	中国高校计算机大赛——大数据挑战赛	教育部和全国高等学校计算机教育研究会	一年一次	高端算法竞赛	国内外高校在校学生（本、硕、博）
2	CCF 大数据与计算机智能大赛	中国计算机学会	一年一次	高端算法竞赛	国内外高校在校生（本、硕、博）、科研院所、企业从业人员及自由职业者
3	"泰迪杯"全国数据挖掘挑战赛	全国大学生数学建模竞赛组织委员会	一年一次	专业知识与技能竞赛	全国在校研究生和大学生
4	天池大数据竞赛	阿里巴巴集团	根据项目类型采取多种形式	高端算法竞赛	国内外高校在校生（本、硕、博）、科研院所、企业从业人员及自由职业者
5	KDD Cup	美国计算机协会（ACM）数据挖掘分会	一年一次	高端算法竞赛	国内外高校在校生（本、硕、博）、科研院所、企业从业人员及自由职业者

续表

序号	竞赛名称或平台	举办单位	举办周期	类型	面向对象或范围
6	Kaggle	谷歌公司	根据项目类型采取多种形式	训练赛、创意赛和高端算法竞赛	国内外高校在校生（本、硕、博）、科研院所、企业从业人员及自由职业者
7	DataCastle	成都数聚城堡科技有限公司	根据项目类型采取多种形式	创意赛和高端算法竞赛	国内外高校在校生（本、硕、博）、科研院所、企业从业人员及自由职业者

从表 8 – 1 可以看出，目前国内外举办的数据挖掘竞赛的类型大多为高端算法竞赛，要求参赛者本身具有良好的专业背景和数据分析技能，因此组织没有相应经验的本科生参赛具有较大难度。根据本科数据挖掘教学的目标，结合大数据背景下对人才的需求，移通学院对竞赛进行选择时考虑到了以下因素：

（1）难度适中，学习资料丰富、适中难度的竞赛项目能帮助学生巩固理论知识，丰富的学习资料可以帮助学生解决遇到的问题，有利于培养学生的自主学习能力。

（2）比赛时间相对灵活，开放的比赛平台竞赛的时间若和课程教学时间同步，则有利于竞赛的安排，方便老师指导，同时提高学生学习理论内容的兴趣。开放的比赛平台方便对竞赛结果进行评估，使竞赛容易实施。

（3）竞赛能锻炼学生的团队协作与创新精神。竞赛的项目需具有一定挑战性与趣味性，允许以团队的形式参加，这样有利于培养学生协作与创新精神。基于以上考虑，学校选择了 Kaggle 作为课程的竞赛学习平台。相对于其他竞赛，Kaggle 设立了面向初学者的 Getting Started 类型的竞赛项目，通过该比赛可以让初学者体会到数据挖掘的基本流程、核心算法的使用过程。大量的书籍、网络博文介绍了参加相关比赛项目的经验和方法，有利于学生自主的学习。Kaggle 平台提供了长期的在线比赛服务与排名机制，有利于竞赛的开展和激励。在学生理解数据挖掘流程和掌握数据挖掘算法后，可参加该竞赛学习大数据存储、分析方面的知识，在此基础上将前期所学的数据挖掘算法应用于解决大数据的处理。

（二）竞赛的组织与实施

在"数据挖掘"课程教学期间，要求学生以小组形式参加泰坦尼克预测生存、房价价格预测、手写数字识别三个 Kaggle 竞赛项目。这三个项目较好地覆盖了数据挖掘算法和分类、回归等知识点，具有较强的趣味性和导向性。教师根据课程进度和竞赛得分情况集中安排对赛题、解决方案进行讲解和讨论。从实施效果来看，通过 Kaggle 竞赛能让学生认识到理论的重要性，加强了学生对数据挖掘理论知识的消化和吸收。此外也让学生意识要想在竞赛中获得好的名次，必须主动扩充自己的知识。通过课内实施 Kaggle 竞赛，较好地激发了学生学习专业知识的兴趣，培养了学生的团队协作和自主学习能力。

针对大数据时代下数据挖掘课程本科教学面临的新要求和挑战，探索了"竞赛驱动"的教学方法，促进了学生对数据挖掘、大数据分析处理知识的学习，培养了学生自主学习和团队合作精神。通过竞赛获奖也证明了学生在数据分析与处理方面的能力，为将来就业和进一步深造奠定了基础。

（三）开展竞赛式课程教学方法改革

1. 以学科竞赛来引导课程体系改革

学科竞赛通常与专业的核心课程内容密切相关，应将学科竞赛的知识点进行分解，并据此整合和优化实践课程内容，建立分层次、模块化、相互衔接的实践教学内容体系，使学生在掌握基本技能的基础上，通过提升平台的训练，逐步具备较高的应用创新能力和学科竞赛能力。模块化核心课程体系如图 8-1 所示。

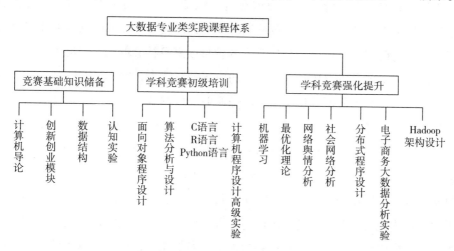

图 8-1　大数据类专业实践课程体系

（1）理论课程体系改革。

1）基础知识储备阶段。该阶段的学生按照计算机大类的教学计划将完成高级语言程序设计、计算机导论、数据结构、创新创业模块等基础学科的学习。通过该阶段的学习，学生已经掌握基本的计算机软、硬件理论知识，并具备一定的算法设计能力。

2）学科竞赛初级培训阶段。该阶段的学生已经完成专业分流。按照数据科学与大数据专业的教学计划将完成算法分析与设计、R 语言、Python 语言等与竞赛相关课程的学习。在教学过程中：任课教师通过竞赛成果展示来激发学生参与竞赛的兴趣；在讲授时结合竞赛的经典案例进行分析，使学生增强对所学理论知识的理解与运用；通过对往届竞赛题目的分解，从中选择出可操作的子题目以作业的形式布置下去，培养学生独立解决问题的能力。

3）学科竞赛强化提升阶段。大部分学生经过比赛的锻炼积累了相关经验。因此，将对该阶段学生进行相应的能力提升培训，提升平台的课程有机器学习、最优化理论、Hadoop 架构设计等。在教学的各个环节中依旧贯穿着与本门课程相关的竞赛题目、真实问题等案例的分析与讲解。通过这些课程的学习，学生的应用创新能力将有大幅度的提升。

（2）实践课程体系改革。

在专业实践环节设计时，充分考虑学生创新能力的培养。在基础知识储备阶段，通过专业课课内实验及单独设课实验"认知实验"的培养，学生已经具备一定的编程基础；在学科竞赛初级培训阶段，在课内实验环节以及实训课"计算机程序设计高级实验"中，同样以竞赛的题目或来自社会的真实问题设计实验内容，从而真正实现学以致用，培养学生的应用创新能力；在学科竞赛强化提升阶段，通过网络舆情大数据分析实验、电子商务大数据分析实验等实训课程对学生进行强化训练，提升学生解决实际问题的能力。为了促进学生参与竞赛的积极性，在数据科学与大数据专业课程体系设计时，在大二的夏季学期和大三的夏季学期分别开设了学时均为 30 学时的实践教学课程：程序设计 I 和程序设 II。这两门课程将以往届竞赛题目、教师科研项目、企业实际项目为主要教学内容，侧重于学生竞赛能力提升的培训。这两门课程的成绩将以学生参加各类竞赛的成绩作为最终考核成绩。在教学过程中将根据学生参加竞赛的等级、取得的成绩等制定较为详细的评分指标体系，以完善应用创新型人才评价体系的建设。

2. 教学方法改革

竞赛驱动教学方法或竞赛式方法是应用型人才培养中重要的教学方法。为激发学生的学习兴趣、调动学生学习的积极性和主动性，将竞赛环节融入课程教学中，通过竞赛来检验学生掌握技能的熟练程度和分析解决问题的能力。竞赛式教学法在培养技术性专业人才方面起到了明显的作用。

近年来的实践表明，移通学院大学生学科竞赛与相关课程、专业培养相结合，与其他教学方法协调开展与推进，有利于促进教学模式改革，培养学生实践能力与创新能力。如全国统计建模大赛赛题，"泰迪杯"全国数据挖掘挑战赛赛题等，一方面调动了学生的积极性，学以致用；另一方面也开阔了学生的视野，为参加学科竞赛打下良好的基础。例如，2019 年第七届"泰迪杯"全国数据挖掘挑战赛 B 题：直肠癌淋巴结转移的智能诊断，需要用到读取 CT 图像数据、神经网络模型、图像分割、特征提取、变量选择、支持向量机、随机森林等，也可以进一步地提高，运用 Stacking 集成模型等。

目前，不同级别和不同学科的本科竞赛项目日益增加，竞赛举办部门不仅有教育主管部门，还有行业协会和有解决问题诉求的企业。不同于高职类竞赛，本科类的学科竞赛不但要求学生有一定的实践能力，还需要有一定的创新思维能力。一些直接来自企业的真实问题与不菲的竞赛奖金使竞赛具有一定的挑战性，也更能吸引学生的兴趣。这些竞赛项目和相应竞赛平台为竞赛驱动教学方法的实施提供了便利。同时高校的教学主管部门出台了相应的学科竞赛管理办法，制定了相关激励措施，并将参加学科竞赛作为检验和提高教学质量的有效途径，这些措施为有序地开展竞赛驱动教学方法提供了支持。

3. 实验教学模式改革

为了给学生提供随时做项目、安静舒适的实训条件，需要加强开放式实验室和项目孵化基地的建设，制定实训室管理条例、科研转化激励政策等，激发学生创造力、培养学生的动手和创新能力。根据科学竞赛和专业课程特点，在增加课程实践、实验学时，可以让更多学生有更多的时间参与实践操作，参与竞赛项目的准备工作，学生在实践过程中发现问题，教师可以协助或者自己搜索资料解答，保证学生对课程知识有独到的理解和掌握，提高动手能力。

4. 考核方式改革

对专业课程的考试内容主要放在考核自学能力、动手能力和知识综合应用能力上，采用开放式的考核方式，按照项目成果、平时成绩、课内外表现等按一定比例来评定学生成绩。设置学生竞赛分转为素质拓展分的学分管理模式，学生参加竞赛就能得到相应的学分，促进高职院校把竞赛有效纳入学科教学计划、专业教育和学分体系中，加快竞赛课程改革。

（四）建立专门的学科竞赛参与团体，以点带面向全校辐射

根据专业学科、学生兴趣爱好和专长，由学校和院系筹集专项基金，成立对应的竞赛小组，指派经验丰富的教师专家对参赛队员进行长期、深入的赛前培训。选拔组建参赛队伍，建立专门的学科竞赛参赛团体，成立互动新媒体创作实验班就是一个很好的实例，以点带面向全校辐射。

（五）组建经验丰富的教师指导团队

作为学科竞赛指导的主体，教师的指导对学生参加竞赛的成绩有着决定性的作用。为了加强学科竞赛对本专业应用型人才培养的促进作用，由本专业有指导比赛经验的教师和企业中有实践经验的工程技术人员共同组成学科竞赛指导团队。指导团队的指导流程如图 8 - 2 所示。

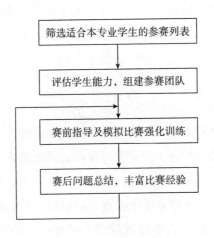

图 8 - 2　教师团队指导流程

首先，该团队的教师对名目繁多的学科竞赛进行比较、分析，从中选择与本专业密切相关的学科竞赛供学生参考，并详细指出每个竞赛的难易程度、所需要具备的专业知识以及参赛者需要达到的能力水平，从而为学生在选择参赛项目时给出积极的引导作用。

其次，当学生报名参加学科竞赛并组建团队时，指导教师会对该团队的每一位成员进行能力评估，根据评估结果给出一个较为合理的团队组合建议，避免特长相似的学生出现在同一个团队中。这样可以充分发挥每一位参赛选手的特长、取长补短，形成一个最优团队组合。

再次，在学生准备竞赛过程中，对竞赛的选题、在竞赛中可能遇到的问题进行分析和指导，并帮助学生选取历年竞赛中的典型题目进行模拟实战，以培养学生随机应变的能力，通过日常的强化训练来培养学生解决问题的能力。同时，有实践经验的工程技术人员也会把自己在实际工作的问题作为竞赛题目，指导学生去分析和解决，这样可以拓宽学生处理问题的视野，真正将比赛与工程实践相结合。

最后，比赛结束后，带领学生对本次竞赛的成功与失败之处进行总结，针对遇到的问题找出相应的解决方案，为下一次比赛积累宝贵的经验。教师通过指导学科竞赛，就会认真思考在授课过程中如何调整教学内容、如何设计实践环节、如何将课堂抽象的理论知识和具体的实践环节及竞赛进行有机结合。通过理论教学和学科竞赛相互促进，为应用创新型人才培养打下坚实的基础。

（六）形成"以老带新"的不间断培养机制

在学科竞赛中，专业教师的指导固然重要，但是比赛经验的传授对参加学科竞赛的选手来说也很宝贵。因此，为了让参赛学生少走弯路，建立了"以老带新"的不断线培养机制：参加过比赛的大三学生指导大二学生和大一学生，大二学生集中学习和强化训练打比赛，大三学生以指导和经验分享为主，大一学生以学习竞赛有关的基础知识和建立打比赛的心理预期为主。

（七）竞赛选手能力评价机制

为了对每位竞赛队员的能力进行评估，进而组成一个优势互补的参赛团队，本书将构建一个学生能力的评价体系。该评价体系由专业教师评价、项目组内评价、不同项目组间评价及学生自评四部分构成。每个竞赛选手的评价指标体系如

表 8 - 2 所示，每项评价指标的分值为百分制。老师对学生每种能力进行评价后择优选择组队，保证团队竞赛综合能力。

表 8 - 2　参赛选手评价指标

序号	评价指标	评价内容
1	学习能力	专业基础知识的掌握能力，可参考该课程的考试成绩
2	实践动手能力	能熟练使用程序设计语言，可参考实践环节成绩
3	分析、设计及创新能力	分析给定的问题，能够快速设计多种可行的技术方案
4	语言表达能力	能够逻辑清晰地表述自己观点
5	组织沟通能力	能够有效组织团队各成员进行有效沟通
6	协作能力	是否具有团队合作的能力

（八）"以赛代练"的强化训练机制

由于竞赛过程中会有很多意外情况发生，因此对参赛选手的随机应变能力要求比较高，而这种能力的培养仅仅从日常的实践课程或日常训练中是无法获得的。因此，为了提高学生应对竞赛过程中多种变化的能力，在比赛之前会设计相应的院内，甚至校内的模拟比赛，使用竞赛时的评审规则进行评判，甚至评委老师可以在比赛过程中适当增加比赛的难度以培养学生沉着应对的能力。模拟比赛过后，由参赛成员、指导教师及同项目组的高年级同学组成讨论组，对模拟比赛中出现的问题进行分析、研究，找出相应的解决方案。通过这种多次的强化训练机制，使参赛学生能够逐步适应比赛的紧张气氛，增加临场解决问题的能力，为比赛取得满意成绩带来有力的保障。

通过学科竞赛的锻炼，学生不仅得到多角度、多层次的实践锻炼，而且也得到多维度、多方面的能力提升。因而，围绕学科竞赛开展研究、设计培养模式是实现数据科学与大数据专业应用创新型人才培养目标的有效举措。

第九章
实践体系建设

第一节 大数据实践体系建设的必要性

一、数据复杂且数据规模大，需要专门的数据实验场

大数据人才是解决大数据问题的，大数据问题是指不能用当前技术在决策希望的时间内处理分析的数据资源开发利用问题。大数据问题的关键技术挑战在于找到隐含在低价值密度数据资源中的价值，在希望的时间内完成所有的任务。为了训练大数据人才，就需要各种各样的数据环境，在实践中总结经验，训练发现问题和解决问题的能力。数据环境是要有来源多样、类型多样的数据集合，并且数据规模要足够大。

第一，数据来源多样、类型多样造成了数据复杂性。一是数据来源于不同的数据采集设备或由专用数字设备产生，如传感器、医疗设备、GIS、多媒体等，这产生了多种数据类型。二是数据由不同的数据库及其管理系统存储和管理，如Oracle、HBase、MongoDB 等，这形成多种数据结构。三是业务数据分析需要来自多个相关领域的数据辅助，如精准医疗中除了来自医院的电子病历数据，还需要生物组学数据，甚至需要有环境、社交等数据。为实现不同领域的数据的融合，需要分析数据在格式、类型、来源等方面的复杂性。异质数据网络是大数据

环境下的一种主要数据组织方式，是一种复杂数据类型。异质数据网络具有多种类型对象（节点）和多种类型连接（边）的数据网络，网络中的不同路径代表了对象间的不同关系，具有不同的语义信息。

第二，数据规模足够大，意味着超出了当前技术能力。随着数据规模的增大，数据处理的能力也在不断地发展，当前已经产生了大量满足大规模数据分析能力的挖掘算法和计算技术，如 K—Means + +、K—Means Ⅱ 等聚类算法对经典 K—Means 算法进行了改进，实现了大规模数据的高效聚类；又如特异群组挖掘算法的提出，实现了不同于簇或孤立点的特异群组这样一类高价值低密度的大数据分析。同时，一系列大数据计算框架也发展迅速，包括 Hadoop、HDFS、MapReduce、NoSQL、Hive、Storm、Spark 等，这些框架中的功能也存在差异。

大数据人才培养需要有足够多的数据作为基础条件。如果数据量、数据种类有限，目前已有的信息技术能够很好地进行处理，那么研究的技术、应用是否真的适用于大数据，是否真的是大数据将无法保证；没有数量足够多、种类足够多的数据作为研发的支撑，很难真正开展大数据技术研究与应用研发。此外，需要足够多的数据也意味着需要有能够存储管理大量、多种类数据的设备和能力。

那么，到底多大规模的数据才是足够的数据呢？就目前技术水平，引发技术挑战的大数据集，其规模应该要有 PB 级别。PB 级别的数据计算、数据分析、数据展现等方面有很多技术问题。虽然很多成功的大数据应用的数据集规模都没有超过 PB 级别，但是数据的复杂度相对较高（朱扬勇、熊赟，2015）。

二、数据的计算条件要求更高

面对以上的数据条件，需要相应的计算条件，需要有能够分析处理这些数据的软硬件环境。有了足够多的数据之后，若要分析挖掘这些数据，就需要具有足够计算能力的计算环境。以深度学习为例，Hinton G. E. 于 2006 年在 *Science* 上发表的论文提出数据降维方法 Deep Autoencoder，这成为深度学习开创性标志算法之一。然而其并没有成为广泛关注和使用的方法，而是随着数年后计算条件和计算能力的提升，在大数据的热潮下，深度学习方法开始发挥更为重要的应用价值（朱扬勇、熊赟，2017）。传统的独立服务器（或小规模服务器集群）是无法直接处理大数据的。然而，建立一套可用的大数据分析处理环境需要投入大量的硬件设备和构建复杂的软件环境，这就要求开展大数据研发必须有足够的资金投入。

第二节　政府建设大数据试验场的必要性

虽然大数据是新生事物，大数据人才的知识结构、培养计划还需要较长时间的探索，当前还没有一个获得广泛认可的大数据或数据科学学科计划，但是，各种人才培养方式都需要师资、数据和计算这三个基础条件。从大数据人才培养现状可知，大数据并不是简单的学科交叉，而是和所有学科相关。因此，提出用超学科人才培养方法解决大数据师资短缺问题；建设公共的大数据人才培养试验场来解决数据条件和计算条件是很有必要的，建议政府出资建设大数据人才培养大数据试验场，支持跨校、跨学科的大数据综合人才培养，支持大数据市场培训机构。

大数据试验场是邬江兴和朱扬勇于 2014 年提出的概念，目前已经写入上海市大数据相关规划，上海市正在推进建设大数据试验场。众所周知，大数据最先是作为技术问题或技术挑战提出来的。也就是说，现阶段还没有适合大数据分析的计算机及集群、计算框架和软件系统，但大数据应用需求迫切，因此，边使用边探索是很好的方式。一方面，用现有的技术解决各类数据应用问题、建立应用模型（如精准广告、精准医疗等）；另一方面，对于现有技术不能解决的问题，探索新型技术。把拥有大规模数据及其相应的计算分析能力的试验环境称为大数据试验场。开展大数据人才培养，需要做大量的大数据试验，需要一个大数据试验场，以解决大数据人才培养的数据条件和计算条件。数据条件和计算条件是相辅相成的，良好的数据条件需要良好的计算条件支撑，良好的计算条件需要良好的数据条件来实践。针对当前大数据状况，1PB 的数据规模应该是开展大数据研究、训练的基础要求。然而，在 1PB 规模的数据上做大数据分析需要 5PB 以上的存储空间以及相应的计算能力，需要 5000 万元左右的投资，显然，这样的投资规模对于一般大学来说都是难以承受的，因此需要建设公共的大数据人才培养大数据试验场。一个用于大数据人才培养的大数据试验场，其数据条件和计算条件如下。

（1）数据条件。首先，要求大数据试验场能够存储 1PB 的待处理数据，可以采用两种形式：一种是单体数据规模达到 1PB，用于探索、训练和试验大规模数据的移动、管理、分析等方面的快速方法；另一种是多类型可关联的多学科数据，总规模是1PB，用于探索、训练和试验复杂数据的关联和分析方法。其次，要配置相应的存储设备。考虑到主流的大数据平台（如Spark或基于Hadoop的各发行版本等）的数据自动备份、多副本并行处理等因素，因此至少需要3倍的数据存储空间，即实际用于存储数据的容量大于3PB。最后，还需要2PB的存储空间用于数据副本或虚拟化工作以及数据分析工作。因此，1PB数据规模的大数据试验场至少要达到5PB的物理存储能力。

（2）计算条件。从低成本出发，采用单台主流的PC服务器（8个CPU内核）单次任务处理4TB数据，1/3的数据需要同时处理估算，需要近100台PC服务器，相当于采用虚拟化技术后达到每内核处理约0.5TB以上数据的并行处理规模。再加上作为集群管理、任务调度等专门用途的服务器，共需要约130台服务器。另外，还需要一批网络设备。由于大数据处理对服务器间的网络通信压力巨大，需要能够快速传输GB级甚至TB级的数据，因此，整个服务器间的网络至少应达到10Gbit/s（按80%线速传输计算，约为每秒传输1GB数据），试验场内网的骨干交换机之间应达到至少40Gbit/s的数据交换能力。

第三节　产学研共建大数据实践基地的可行性

一般情况下，在普通高等学校的人才培养中，要培养出实用的大数据分析人才是很困难的，这主要是因为很难让学生真正接触到实际环境下的大数据。因此，只有产学研共建大数据实践基地，将大数据方向的本科学生安排进入实践基地，真正与大数据"共舞"，在实战中学习，在实战中成长，应用型大数据人才培养才不会纸上谈兵（向程冠、熊世桓、王东，2014）。

贵阳市在大数据人才培养方面具有先进示范作用。近年来，贵阳市正在实施大数据人才"贵阳造"计划，即通过政校企合作的方式，为贵阳市培养大数据基础性实用技术人才。2013年9月底，国内顶尖的云计算研发和营运公司北京讯鸟软件有限公司落户贵阳市南明区，成立贵阳讯鸟云计算科技有限公司。仅20天后，贵阳讯鸟云计算科技有限公司便在贵阳市政府的协助下与贵州财经大学签订校企合作协议，双方联合成立云计算研究实验室、人才培养基地。2014年5

月，大数据行业巨头甲骨文软件系统公司也瞄准了贵阳市的大数据人才培训市场，计划以校企合作、开设专业培训基地等方式，抢占市场先机。2015 年初，国内知名大数据在线教育平台——小象学院，与贵州大学、贵州财经大学等贵州高校商谈合作开设大数据专业，吸收来自计算机、统计学乃至视觉设计等不同专业背景的学生进行大数据人才培养。2015 年 8 月 21 日，致力于在中国产学结合、打造开放社区式创新生态系统的 ARM 宣布与贵州大学合作建立"贵州大学—ARM 创新与人才培养基地"，旨在推动当地大数据教育发展，为打造长期可持续发展的"云上贵州"培养大数据人才。

此外，2015 年 3 月，IBM 与香港中文大学市场学系、对外贸易大学国际商学院、西南交大经济管理学院等联合宣布推出"百企大数据 A100"计划。加入该联盟的高校将向 100 家拥有 B2C 数据的企业投放专业的教授、研究生及本科生，帮助企业进行数据库整合、数据库挖掘、市场决策支持、产品推荐、社交聆听等大数据领域的分析和研究（郑悦，2015）。

由于以上数据人才培养实训基地落成的时间都不长，还未能有定量分析数据来展示这些项目的成果，所以在此不做绝对的判断。只是实训基地的建成，为高校学生提供了学校没有的数据环境和实战机会，就人才培养过程来看是有益的。因此，就培养数据人才业务应用能力和综合实践能力来说，采取产学研结合、积极开展数据人才培养实训基地建设的方法较为可行。

第四节 重庆邮电大学移通学院应用型大数据人才培养实践体系的建设

移通学院数据科学与大数据技术、大数据管理与应用、信息管理与信息系统三个专业主要负责应用型大数据人才培养，按照培养方案及其课程体系，结合移通学院人才培养模式，大数据人才培养的实践体系采取两种模式结合：一种是校内实践课，在校内实验室，校内老师指导为主；另一种是校外实践课，以校企合作单位共建的实践基地为中心，由企业导师在毕业实习阶段通过"师带徒"项目制的方式直接培养学生的大数据应用能力。

一、校内实验室

（一）大数据实验室简介

移通学院与 OracleWDP·华育兴业合作建设校内甲骨文大数据专业实训中心，如图 9 – 1 至图 9 – 3 所示。

图 9 – 1　移通学院大数据实验室效果展示

大数据专业实训中心占地约 300 平方米，学生端配置 150 台联想 i5 主机，教师端配置 2 台联想 i7 主机，2 台超大屏一体机。同时中心机房内拥有 16 台服务器做虚拟化集群，含 1 个主控制节点，14 个主计算节点，1 个云计算与大数据应用服务器，并在此集群上搭建了 3 个系统和 1 个项目。该实训中心能够完成 Python 语言程序设计、Linux 操作系统、分布式数据库、数据分析和数据挖掘、实时计算框架等课程教学必要的理论内容和实验内容。每个系统内均有视频课程的学习和实际案例分析，面向大数据大类专业的学生，作为相关理论课程的配套实验环节和实践基地。

图9-2　移通学院大数据实验室效果展示

图9-3　移通学院大数据实验室效果展示

　　大数据专业实训中心的设置，在学院科研方面和学生实践方面发挥了重要作用，不仅能够为学院教师提供大数据相关课题理论研究、建模分析和学术研究的探索、验证等服务，帮助教师提高科研水平，完成科研任务，还能够提供各类大数据可视化控件，实现大数据的完美展示和可视化探索，极大地提高了学生的学习兴趣，培养了实践动手能力。

（二）校内实验室实践模块

根据需求分析，移通学院校内大数据人才培养的实验室建设内容应包含以下4个组成部分：大数据教学资源平台；大数据实验平台；大数据实训项目及数据资源平台；大数据实验监控平台。

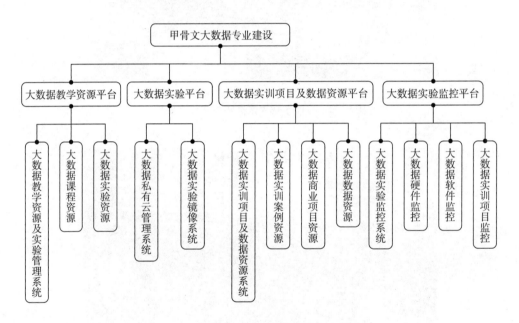

图9-4 移通学院大数据实验室建设框架

1. 大数据教学资源平台建设

大数据教学资源平台是甲骨文提供的辅助大数据专业课程教学使用的平台。教师和学生可以通过该平台进行大数据相关专业课程的学习，学习方式以在线学习为主。教师可通过该平台进行课程的教学工作，同时该平台支持教师、学生上传自主开发的课程，支持多种教学形式，并可以在该平台中跟踪、考核学生的专业课程学习情况。主要包含大数据教学资源管理系统、大数据课程资源和大数据实验课程资源。

（1）大数据教学资源管理系统。

大数据教学资源管理系统的具体功能包括：首页统计、首页课表、我的课程、创作课程、教学管理（对班级、实验、作业、成绩、教师、排课等的管理）、试题管理、虚机管理（虚机查询、模板配置、镜像管理、集群配置等）、在线选课、成绩查询、在线考试、机构管理、交流管理、用户管理、参数管理、教学统计、消息通知、问题交流、帮助文档等。可以对大数据教学资源内容进行在线管理。如图 9 – 5 所示。

图 9 – 5　移通学院大数据实验室——教学资源平台管理信息系统

（2）大数据课程资源。

1）甲骨文大数据课程。甲骨文大数据课程体系由专业核心课程、专业扩展课程共计 19 门课程组成。具体如表 9 – 1 所示。

根据 Oracle 技术标准提供每门课程的教学材料，包括教学备课材料、教学PPT，每节课程都有相应的课后练习题及答案，以及每门课程结束后都配有考试试题及答案。

表 9-1 移通学院大数据实验室——教学资源—专业课程

课程类型	课程名称
大数据专业核心课程（7门）	大数据概论
	分布式文件系统
	分布式计算框架
	Linux 操作系统
	Python 语言程序设计
	数据分析与数据挖掘
	分布式数据库
大数据专业扩展课程（12门）	数据仓库 HIVE
	分布式计算框架 Spark
	实时计算框架
	大数据可视化技术
	数据可视化应用（Oracle Data Visualization）
	R 语言与大数据处理技术
	数据采集
	数据清洗
	机器学习（实验课）
	深度学习（实验课）
	大数据可视化分析（案例）
	Excel 数据分析技术

2）大数据实验课程资源。大数据实验课程提供与教学资源库中的课程及案例配套的实验、数据，包括大数据相关实验包，并包括所有实验的实验手册、视频及数据。如表 9-2 所示。

表 9-2 移通学院大数据实验室——教学资源实验课程

名称	实验课程名称	实验包数量
大数据实验资源	分布式文件系统	15
	分布式计算框架	22
	Linux 操作系统	11
	Python 语言程序设计	20
	数据分析与数据挖掘	11

续表

名称	实验课程名称	实验包数量
大数据实验资源	分布式数据库	14
	数据仓库 Hive	4
	分布式计算框架 Spark	13
	实时计算框架	11
	大数据可视化技术	12
	数据可视化应用（Oracle Data Visualization）	15
	R 语言与大数据处理技术	15
	数据采集	11
	数据清洗	12
	机器学习（实验课）	11
	深度学习（实验课）	11
	大数据可视化分析（案例）	4
	Excel 数据分析技术	12
合计		224

2. 大数据实验平台建设

利用云计算技术打造私有云教育平台，在平台上部署实验环境、教学资源和实训资源。根据院校实际需求部署不同配置的虚拟机环境和教学案例资源，通过将 Oracle 教学资源和实训资源在院校私有云教育平台上的部署，满足课堂教学、上机实验、综合实训等不同教学场景的需求。在政策许可的前提下，空闲时间还可以向周边院校或企业开放资源，为其提供实训场地和培训服务，实现院校的社会服务功能。大数据实验资源管理平台是大数据专业课程实验课部分的支撑，教师可在该平台上完成相关实验教学任务，主要包含大数据私有云管理系统、大数据实验镜像、大数据实验室。

（1）大数据私有云管理系统。大数据私有云管理系统对教学、科研所需的硬件资源进行统一管理，为教师、学生以及科研人员提供所需的计算资源。该系统可以对容器进行创建、启动、关闭等操作，也可以通过该系统进行整体云主机监控，整体云硬盘管理，查看所有网络信息，查看私有云平台服务状态等操作。如图 9 - 6 所示。

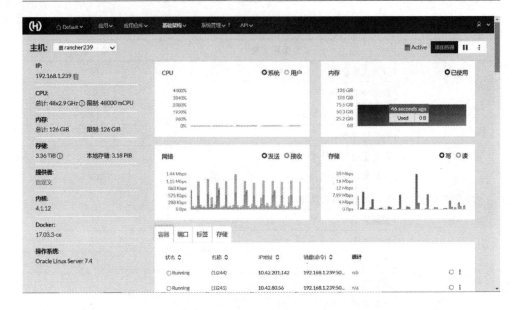

图 9 – 6　移通学院大数据实验室——大数据实验平台管理信息系统

（2）大数据实验室。大数据实验平台采用 Docker 容器技术，通过容器管理平台可对公有云、私有云上的 Linux 主机资源，也可以是其他虚拟机，物理机资源进行管理。Docker 本身是一个开源的应用容器引擎，完全使用沙箱机制，相互之间不会有任何接口，几乎没有性能开销，可以很容易地在机器和数据中心运行。通过对容器镜像进行定制化封装，大数据实验平台可提供包括大数据教学、学习所需的全套大数据实验开发环境软件，同时还包括相关实验数据及实验指导手册。

大数据实验平台通过容器管理平台可以自动管理和动态分配、部署、配置、重新配置以及回收资源，具有良好的弹性和灵活性，管理、使用方便等特点。管理平台向用户提供一层灵活的基础设施服务，包括网络、存储、负载均衡、DNS 和安全模块。用户可以根据需要自定义要部署的基础设施服务组合。基础设施服务包括容器编排引擎、网络、健康检查、DNS、Metadata、调度、服务发现、存储等。用户通过自服务界面提交请求，每个请求的生命周期由平台维护。

较传统虚拟化技术，Docker 容器技术的优势主要体现在资源隔离和利用率方面。虚拟机实现资源隔离的方法是利用独立的 Guest OS，并利用 Hypervisor 虚拟化 CPU、内存、IO 设备等实现的。Docker 并没有采用和虚拟机一样的环境隔离方式，它利用的是 Linux 内核本身支持的容器方式实现资源和环境隔离。其中，引导、加载操作系统内核是一个比较费时费资源的过程，当新建一个虚拟机时，虚拟机软件需要加载 Guest OS，这个新建过程是分钟级别的。而 Docker 由于直接利用宿主机的操作系统，省略了加载过程，因此新建一个 Docker 容器只需要几秒钟。另外，由于现代操作系统是复杂的系统，在一台物理机上新增加一个操作系统的资源开销是比较大的，因此，Docker 对比虚拟机在资源消耗上也占有比较大的优势。在为学校节约经济成本的同时，可以将有限的服务器资源更多地应用于教育教学工作中。

服务器设计：服务器采用整机柜服务器，面向海量数据的存储和处理，适合云资源池如虚拟化、分布式存储，大数据处理如 Hadoop 集群等应用，目前在国内服务器中占主导地位。

大数据存储设计：用分布式存储的方式作为存储大数据的载体，支持容量、性能的在线无限扩展，提供软硬件故障情况下的数据重建、远程容灾功能，是适用于云计算、大数据业务并兼具高性能、高可靠、高可扩展、大容量特征的新一代分布式存储系统平台。

网络安全设计：为保护数据传输的安全性，在云管理服务器接外网之间架设一台防火墙，通过防火墙的策略对云管理服务器进行保护，提高网络的安全性。

接入层设计：接入层交换机采用千兆接入与每台服务器通信，各服务器之间采用 VLAN 将各服务器逻辑上网络隔离，服务器之间不允许数据通信，只允许分析服务器与管理服务器通信。

3. 大数据实训项目及数据资源平台

大数据实训项目及数据资源平台是将大数据实训案例资源和数据资源进行整合，依托于大数据实训项目及数据资源系统进行统一管理，并提供案例实训工具，真正地将软件资源、案例资源以及数据资源作为整体解决方案服务于实训教学。另外，甲骨文还提供真实大数据商业项目辅助实训教学和高校科研。

甲骨文大数据实训案例及数据资源平台主要包含以下组成部分：大数据实训项目及数据资源系统，大数据实训案例资源和数据资源，大数据商业项目资源。

（1）大数据实训项目及数据资源系统。大数据实训项目及数据资源系统是甲骨文提供的专门服务于高校教师带领学生进行大数据案例实训的工具系统。该系统主要功能包括实训案例（预置详细的案例说明、技术说明、对数据如何使用进行详细的介绍。教师可以按照该说明及步骤进行虚拟化实训教学，学生可以参照源代码或者自己定义步骤进行实训学习）、实训案例制作（教师新增、维护实训案例，包括案例文档及源代码）、常用工具、教学管理（查看学生实训笔记详情、下载、查看学生虚拟机中代码；对学生进行实训评价评分，创建实训报告）、虚机管理、实训统计（统计教师教学中整体教学数据、案例数据；统计学生的实训及格率、案例时长等学习情况）、实训报告、实训管理（维护教师、学生信息）、预置案例、用户管理、报告模板设置等。如图9-7所示。

图9-7 移通学院大数据实验室——大数据实训项目及数据资源平台管理信息系统

（2）大数据实训案例资源和数据资源。大数据实训案例资源是甲骨文提供的来源于真实大数据业务场景的案例模型，这些案例包含对应的案例数据及完整的分析实现过程，提供给高校作为实训教学资源使用。这些案例通过业务背景、案例意义、技术架构、数据样例、模块设计、角色分工等方面，让学生理解一个真实的大数据应用场景，从需求分析到编码实现都需要经历哪些环节；通过数据采集、数据清洗、数据处理、数据分析挖掘和数据可视化等过程，让学生掌握如何运用所学大数据知识和技能来解决不同的功能需求。如表9-3所示。

表9－3　移通学院大数据实验室——实训案例资源

甲骨文大数据实训案例资源	
项目类型	案例名称
大数据实训案例 （含脱敏案例数据）	客户偏好电影推荐案例
	电影网站客户价值分析案例
	上网与消费性关联性分析案例
	互联网热点舆情分析案例
	金融消费行为分析案例
	金融风控分析案例
	汽车行业精准营销分析案例
	新闻媒体预测推荐案例
	电网用户用电走势分析案例
	交通高峰时段分析案例
	交通路况信息分析案例
	金融股票预测案例
	城市经济建设影响因素分析案例
	高校学生上网行为分析案例
	经济作物耕种预测分析案例
	农业播面产量分析案例
	各省农业耕地面积统计分析案例

（3）大数据商业项目资源。大数据商业项目资源是甲骨文提供的全球范围内真实的商业项目案例，体现了甲骨文大数据先进的开发技术及设计思想。这些项目案例经过数据脱敏及用户授权，提供给高校作为教学资源使用，院校需严格对项目源码、设计文档及数据进行保护，不准做教学、科研以外的商业活动使用。

学生通过甲骨文提供的大数据商业项目资源了解全球顶尖企业是如何完成一个商业项目级别的大数据工程，理解大数据项目完整的生命周期从需求规格到可实施验收都需要经历哪些阶段，掌握每个阶段的输入要素与输出产物以及所对应此阶段的大数据技术。教师可以把大数据项目资源作为素材，用于大数据科研课题。如表9－4所示。

表9-4 移通学院大数据实验室——商业项目资源

甲骨文大数据商业项目资源	
项目类型	项目名称
大数据商业项目 （含脱敏项目数据）	高校学生行为大数据分析项目
	在线电影大数据分析项目
	约车大数据分析项目
	金融消费行为分析系统
	微博大数据分析项目
	电力大数据分析项目
	人脸图像识别大数据分析项目

1）高校学生行为大数据分析项目简介。高校学生行为大数据分析项目面向高校在校学生群体，有针对性地进行学生行为数据分析，从而掌握本校整体学生在学习、生活、心理、就业等方面情况。通过大数据分析，掌握学生在这几个方面出现的深层次的教育问题，有的放矢地进行相关管理工作，使高校对学生的管理工作更加科学、深入，并为高校相关政策的决策提供了科学的数据依据。

①监督监控学生网络舆情，并对于校园群体事件、个体影响较大事件的提前预警。预警指可能出现校园群体事件的可能性。预警学生危险行为，如自杀、自残、聚众游行、网络沉迷等倾向，可以有针对性地进行预先心理辅导和关怀。②帮助学生管理部门深入了解全校范围内学生日常行为习惯。主要是关注学习、生活、心理三个方面，进行学生画像。通过分析结果，掌握学生这三个方面的行为。例如：通过深度分析将学生进行分类，找出综合能力强的学生在学习、生活、心理方面的行为习惯，对其他学生具有指导作用。通过这些分析可以提升学工处对学生的管理深度，提升学生在校的学习生活质量。③通过对借书卡、一卡通、机房等数据进行分析，提升机房、图书馆、食堂、超市、浴池等服务场所的服务质量。合理安排服务场所的时间和空间，以及图书、菜品、机房等资源的合理分配。合理制订图书购买、菜品设置、机房开放时间的计划等。④对招生、就业和就业后跟踪进行分析，分析学生入学基础数据和在校期间的学科数据、成绩、生活数据，结合就业后的数据，分析高校学生成才情况。分析成才学生在入学前、在校期间的行为共性，指导招生，招收优秀学生。⑤对学生专业课程、选修课程、实训课程、MOOC、课外活动课程学习情况和成绩等数据进行分析。通

过分析结果掌握各专业学生的课内外学习情况，知识体系和方向，指导学生合理安排学习知识的结构，对于学习效果不好的学生提出有针对性的学习计划和方案，给学生课程内、课程外和不同学习方式的建议。分析有考研、考博、留学、创业准备的学生，有针对性地给予帮助和辅导。

由此，最终建设高校完整的招生、教学、就业、学生学习、生活、心理数据仓库。通过对这些数据的分析，提升学校在学生管理、教学资源合理分配、招生就业等各方面的精细化管理程度，达到学生和教学管理工作的前瞻性、精准性和持续性要求。

本系统采用 Spark + Python + J2EE 技术。其中，使用 Spark + Python 做原始数据标准化及清洗工作，Spark + Python 进行学生数据分析及挖掘，将分析结果存储到 MySQL 数据库中。J2EE 技术对分析结果进行查询展示，使用 Echarts3.0 技术进行数据可视化。

2）在线电影大数据分析项目。"MOVIEPLEX"是罗马尼亚的一个在线视频点播网站，用户可以在该网站上在线浏览观看电影资源。

MOVIEPLEX 大数据分析系统的分析结果反映了用户的喜好、消费习惯、需求等相关信息，而这些信息为挖掘大数据价值提供了基础，可以发现哪些用户是优质客户、哪些用户具有潜在的商业价值。在营销策略上可以更为灵活，能够针对不同的用户或用户群体投放更为精准的营销策略（如广告、电影推荐），用户在打开网站时能够看到自己喜欢的视频推荐，是自己感兴趣的内容，这样就很容易提高用户的购买率。在观看视频时所接触的广告也可以根据不同用户或用户群体的自身价值，做出更为精准的营销，既减少了对非目标用户的广告打扰，优化了视频广告服务，又可以吸引更多的企业广告主投放广告，更好地挖掘每个用户身上潜在的商业价值。

本系统采用 Spark + Scala + J2EE 技术。其中，使用 Spark + Scala 做原始数据标准化及清洗工作，Spark + Scala 进行学生数据分析及挖掘，将分析结果存储到 MySQL 数据库中。J2EE 技术对分析结果进行查询展示，使用 Echarts3.0 技术进行数据可视化。

3）约车大数据分析项目。迎合"互联网＋"时代发展浪潮，结合了百姓交通出行与移动互联网的网约车服务自诞生以来便迅速吸引大量用户，可以说，网络约车服务是"互联网＋"技术在社会大环境内不断发展、积极完善的产物。它的出现，不仅极大方便了百姓的出行，更从某种程度上缓解了城市日常交通压力，同时提供个性化用车服务，满足了百姓日益多样的用户需求。如今的网约车市场已然进入规范化的稳定发展阶段。与此同时，随着大数据技术的广泛应用，网约车能够更加精准、快速地服务于司机与顾客，合理、快速地调配资源，提升服务，提高用户体验度。

本系统采用 Storm + Flume + Kafka + Zookeeper + J2EE 技术。其中，Flume 实时监控日志数据变化，Kafka 作为消息队列将变化的数据转化为消息，Storm 从 Kafka 消息队列中获取数据进行实时数据计算，将计算结果保存至 MySQL 数据库中，Zookeeper 协调各服务。J2EE 技术对分析结果进行查询展示，使用 Echarts3.0 技术进行数据可视化。

4）金融消费行为分析系统。金融消费行为分析系统是依托于用户上网行为数据进行预购分析的系统。该系统通过对用户的海量上网行为数据的匹配与分析，建立用户的精准画像，及时对购买行为进行预测。通过这些数据的分析，提升对用户的掌握程度，合理推荐业务，提高电信业务扩展。通过预购分析对外提供精准营销的预测用户，有效提高营销成功率。

精准画像对用户进行全面的分析，内容主要包括用户状况、用户分群、用户偏好等。通过分析掌握用户状况对业务超包及时提醒升档，对不同时间段提供闲忙不同业务。通过分群划分相同用户，对不同群组进行差别推荐。通过更人性化的推荐，进而提升业务发展。

预购分析：对用户购买欲望、购买偏好等进行数据建模分析。通过基础分析及模型算法分析用户预购类别（如购房、购车等）、预购类型（购房：大户型、小户型、房屋位置等。购车：轿车、SUV、价格区间等），分析用户购买欲望是否强烈，是近期购买还是先期了解等。

最终目标：建立良好的用户画像综合体系，准确描绘用户行为。通过数据分析对内提高公司总体业绩，对外提供优质服务。

5）微博大数据分析项目。随着移动互联网的高速发展，移动产品的创新与成熟促使企业将投资方向向移动广告市场倾斜。以微博为代表的社交媒体的崛起，使企业能够以更为积极的态度去了解用户，且能够主动出击，以更加多样化的营销策略去迎合需求，进而提升营销效果。微博在为用户提供一个社交的平台的同时，也满足了企业的上述需求。

微博大数据分析系统依托微博信息行为分析系统，通过对海量微博数据的计算和分析，建设了微博传播、参与者、内容等完整的数据仓库。通过对这些数据的分析，提升公司的业务。

该项目采用了主流的大数据分析框架 Hadoop 及大数据算法实现框架 Spark，使用 Zookeeper 进行服务管理，前台页面采用 D3、Echarts3 技术进行数据展示。

6）电力大数据分析项目。商业的发展天生就依赖于大量的数据分析来做决策，对于企业用户，关心的就是决策需求，通过数据加强对决策者的影响，达到决策支持的效果。企业营销需求从本质上来说，主要聚焦在针对消费者市场的精准营销。电力企业运营数据，如交易电价、售电量、用电客户等方面的数据能够真实反映区域发展状况，对于企业决策具有不可估量的价值。

数据合作营销系统是基于国网电力数据的营销系统。该系统通过用电用户类型及用电轨迹真实反映个人或企业生活生产状况，并根据用电分析结果提供智能推荐及经营分析状况报告，整体分析区域用电情况，为商家提供精准发展区域。

该项目采用主流的 Hadoop 框架进行基础数据处理，使用 Spark - Mllib 进行算法分析，采用 Vue 作为前端框架，使用 D3、Echarts3 技术进行数据展示。

7）人脸图像识别大数据分析项目。人脸识别是指人的面部五官以及轮廓的分布，这些分布特征因人而异，与生俱来。相对于其他生物识别技术，人脸识别具有非侵扰性，无须干扰人们的正常行为就能较好地达到识别效果。由于采用人脸识别技术的设备可以随意安放，设备的安放隐蔽性非常好，能远距离非接触快速锁定目标识别对象，因此人脸识别技术被国外广泛应用到公众安防系统中，应用规模庞大。

人验识别是基于人的脸部特征信息进行身份识别的一种技术。目前在安防领域、金融领域、大型考试管理等领域都部署了用于身份识别的摄像头，数据中心部搭建基于第二代大数据处理平台 Spark 的分布式视频监控系统，接收这些摄像头传输的数据，并处理其中的人脸信息，对处理效率有很大提高。

基于 JavaCV 的人脸检测算法使用了 Haar 分类器，它使用 Haar - Like 特征做检测，使用积分图对 Haar - Like 特征的求值进行加速以提高检测速度。它是一系列强分类器的级联，形成决策树，可以提高检测的准确性。

4. 大数据实验监控平台

大数据实验监控平台核心是大数据实验监控系统，实现对高校大数据环境里的大数据硬件集群、大数据软件环境以及相关实训项目监控。

大数据实验监控平台可帮助高校提前发现大数据实验室出现的硬件故障和软

件问题，可对发现的故障进行告警，确保所有硬件、软件和系统出现的故障不影响教学活动。大数据实验监控平台主要对高校大数据环境里的大数据硬件集群、大数据软件环境以及大数据相关的实训项目进行监控。

大数据硬件监控。主要包括对服务器集群监控和交换机监控。监控服务器的指标有服务器的 CPU、磁盘、内存、网络、电源、风扇等方面参数，对交换机监控包括网络接口、CPU 及负载等方面参数。

大数据软件监控。大数据软件环境主要由高校大数据教学、科研所需的主流大数据生态圈里的技术组成，包括 Hadoop、Spark、Storm 等软件。大数据实验监控平台主要监控上述大数据软件的运行状态相关监测指标，能够对发现的问题及时对管理员或老师进行告警，以便于尽早发现问题、解决问题。

（三）教材及课程资源的开发

甲骨文联合清华大学、哈尔滨工业大学、南开大学、四川大学等共同打造大数据和人工智能系列基础教材（机械工业出版社华章分社）和课程资源。其主要内容包括大数据系统、大数据之数据库、数据分析与挖掘、数据采集与数据清洗、大数据可视化技术、Python 语言程序设计、Spark 与流式计算等。基础教材包括理论和实验，面向大数据人才培养数据采集、数据处理和数据分析、数据可视化应用能力的培养。

二、校外产学研实践基地

移通学院数据科学与大数据技术、大数据管理与应用、信息管理与信息系统三个专业校外实践基地的建设与运行，在第七章第五节产教融合协同培养大数据人才部分已经陈述，这里不再赘述。由于产教融合协同培养的时间还不长久，校外实践基地的运行效果不好评估，待 2022 年第一批数据科学与大数据技术的本科生毕业后，由毕业生就业统计报告及社会用人单位的用人反馈，才能较准确地评估校外基地大数据人才培养的质量高低。

第❿章
结　论

　　近年来，大数据技术的迅猛发展和行业应用需求的快速增长，使全球范围内大数据人才稀缺。通过总结国内外大数据人才培养的发展实践和研究现状，可知大数据人才是跨学科的复合型人才，在课程设置上基本都是统计学、计算机科学、数据库、商业管理等多学科交叉融合。在解决大数据实践能力培养方面都提出理论联系实际、增加校企合作，加强真实数据的处理能力的培养。但是，有关校企合作如何合作、大数据如何共享与实践、如何按需培养企业所需人才还未深入讨论。对跨部门、跨学科的课程与资源该如何整合，跨学科整合时如何解决现有体制的冲突问题，跨部门、跨学科的师资如何流动方面的研究还很匮乏。在大数据人才培养的效果评价上，缺乏评价体系的研究。大数据人才培养才刚刚开始，很多第一届大数据人才还未毕业，有关评价体系的研究相对于人才匮乏的问题而言没有那么紧迫。

　　大数据对新的产业革命和新工科教育具有重要指导意义，而大数据人才的极度匮乏使人才培养成为亟待解决的问题。因此，本书在大数据人才培养的发展现状和研究现状基础上，研究了大数据人才培养的模式及策略，并深入研究每种模式下的专业培养目标与培养方案、课程群建设与培养方式、实践教学与师资配置、人才质量评价与动态调整机制等问题，以期解决当前大数据人才培养问题，平衡供求矛盾，促进大数据产业发展，服务国家经济社会产业升级，提升国际竞争力，全书的研究思路和框架如图 10 - 1 所示。

　　应用型大数据人才的培养是以社会需求为导向的，因此首先要界定大数据各类人才的需求特征，探索当前社会大数据人才应具备的知识结构和能力结构，其次通过校政企资源整合情况，结合各个学校的人才培养实际，构建大数据类专业大数据人才培养目标与专业培养方向，探析人才培养模式、路径方法，并提出相应的专业培养方案、课程体系、教学模式、实践条件、师资建设方面的实施策略，构建出人才质量评价体系和建立动态调整机制。

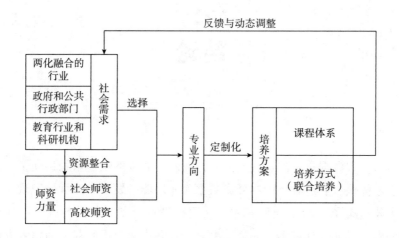

图 10 - 1　应用型大数据人才培养思路与框架

为了使本书的研究更具有实际指导意义，本书的理论研究又作用于重庆邮电大学移通学院大数据人才培养的实践，同时又将实践效果反馈回理论研究部分，实现"理论—实践—理论"的运作机制，保障大数据人才培养的质量和本书研究结论的科学性。

但是，本书研究也发现，目前应用型大数据人才培养也存在一些问题：

（1）分行业大数据人才培养的研究欠缺。大数据人才社会需求的掌握还不够具体和体现行业特点。前期的社会调研偏向普遍的人才需求概括，基于课题组校企合作项目，细化了医疗大数据人才和建筑信息大数据人才的需求特征，但其他行业，如金融行业、教育行业、汽车行业、电商行业、互联网行业等的人才需求状况还掌握得不够全面和具体。后续应进一步扩大调研范围和增加不同行业校企合作单位，探索更多领域的大数据人才培养模式。

（2）协同育人模式理论研究尚可，但实践效果不佳。实践体系中基础层的校内大数据实验室方案科学、规范，但延伸层的校企单位实践指导和协同层的校企联合实践指导的实施效果不显著，对学生实践能力的提升帮助不大。后续应充分鼓励企业参与教学与实践指导，深化协同育人机制的探索与实践。

（3）跨学科交叉课程的构建不显著。跨学科交叉课程的构建不显著，尽管前期已经确定为专业课程跨学科，课程内容跨学科的问题，但是大数据类课程基本为新兴课程，教材建设严重滞后，教师教学经验也积累不足，很难真正做到教学内容上跨学科。后续解决办法只能在积累课程教学经验的基础上，开展跨学科的教材建设，从各章节知识点上做到课程内容跨学科，培养新工科背景下的大数据应用型符合人才。

（4）优秀师资力量的建设仍有难度。教学型的大数据类教师（硕士）供给小，需求大，人才引进难度大；而大数据、计算科学类的博士更加紧俏，在职攻读博士又有一定的滞后性，高级人才的引进成本又高。综合各类因素，师资建设的难题有待进一步解决。

大数据行业催生的数字经济革命正在改变着社会运行机制，也在提升着智能制造的核心竞争力，大数据人才培养有了企业实践这块肥沃的土壤，大数据人才培养的规模和质量必定会与行业发展相互促进。因而，在后续的研究与实践中，针对上述问题可以继续深化，尤其是校政企联合培养，通过产教融合的方式真正解决"定制化"培养企业所需的应用型大数据人才问题。

参考文献

［1］夏大文，张自力.DT 时代大数据人才培养模式探究［J］.西南师范大学学报（自然科学版），2016，41（9）：191 - 196.

［2］饶玲丽，陶娟，陶光灿.我国高校大数据人才培养专业设置研究［J］.北京教育（高教），2019（2）：57 - 59.

［3］马海群，蒲攀.大数据视阈下我国数据人才培养的思考［J］.数字图书馆论坛，2016（1）：2 - 9.

［4］周晓燕，尹亚丽.基于国内市场需求的大数据管理人才知识结构分析［J］.情报科学，2017（1）：6.

［5］张德江.关于培养应用型拔尖创新人才的思考［J］.北京教育（高教），2011（3）：24 - 26.

［6］张德江.应用型人才培养的定位问题及模式探析［J］.中国高等教育，2011（18）：26 - 28.

［7］陈刚，宋义林，高树枚，王冠然.基于 TRIZ 理论的研究性教学模式在应用型人才培养中的应用［J］.黑龙江教育（理论与实践），2014（3）：33 - 35.

［8］刘贵容，林毅.论应用科技型大学专业培养方案改革策略——以重庆邮电大学移通学院为例［J］.教育教学论坛，2015（7）：104 - 106.

［9］张士献，李永平.本科应用型人才培养模式改革研究综述［J］.高教论坛，2010（10）：7 - 10.

［10］刘贵容，王永周，秦春蓉.信管专业大数据人才培养路径分析［J］.科教文汇（上旬刊），2018（12）：98 - 100.

［11］司莉，何依.iSchool 院校的大数据相关课程设置及其特点分析［J］.

图书与情报，2015（6）：84－91.

［12］刘贵容，耿元芳．面向大数据人才培养的信管专业课程建设探析［J］．当代教育实践与教学研究，2018（3）：139－140.

［13］刘贵容，周冬杨．新工科背景下大数据人才培养的师资建设机制与策略研究［J］．经济研究导刊，2018（8）：130－132.

［14］刘献君，吴洪富．人才培养模式改革的内涵、制约与出路［J］．中国高等教育，2009（12）：10－13.

［15］刘贵容，秦春蓉，林毅．以需求为导向的大数据人才定制化培养模式与策略研究［J］．中国教育信息化，2018（12）：3.

［16］赵春鱼，吴英策，魏志渊，孙永乐．高校学科竞赛现状、问题与治理优化——基于2012—2016年本科院校学科竞赛评估的数据分析［J］．中国高教研究，2018（2）：69－74.

［17］蔡志奇．应用型本科院校学科竞赛的资源整合［J］．实验科学与技术，2012（4）：175－177.

［18］范建丽，陈国平，汪小飞．依托学科竞赛推动应用型人才创新能力培养——以黄山学院为例［J］．宁波教育学院学报，2013（4）：50－54.

［19］陈惠红，刘世明．基于学科竞赛的计算机专业教学改革［J］．中外企业家，2018（21）：188.

［20］修宇，刘三民．基于"竞赛驱动"的数据挖掘课程教学改革探索［J］．福建电脑，2018（2）：3.

［21］朱扬勇，熊赟．大数据是数据、技术还是应用［J］．大数据，2015（1）：78－88.

［22］朱扬勇，熊赟．大数据的若干基础研究方向［J］．大数据，2017（2）：11.

［23］向程冠，熊世桓，王东．浅谈高校大数据分析人才培养模式［J］．中国科技信息，2014（9）：144－145.

［24］郑悦．创新大学教育二十年［J］．IT经理世界，2015（11）：63.